早餐吃飽了，一天的活力就足了

媽媽的早餐店

蔡季芳——著

手藝滿分的味自慢

何飛鵬

　　我與阿芳老師有過幾面之緣，因為合作關係也嚐過她的手藝，料理技巧我不懂，但東西好不好吃我知道；廚藝精不精湛我不敢評論，但手藝高不高明誰都可以從指尖、從嘴裡探個分明。我給了阿芳老師「手藝滿分的味自慢」這個標題，來自我嘴裡吃到的好味道，以及食物呈現在眼前的賞心悅目，更是來自閱讀過她那些與食物有關的記憶與故事，所感受到的熱忱與投入。

　　我出版了一系列「自慢」的職場工作書，把我覺得最有把握、最自信的經驗，帶給年輕的工作者，也勉勵各領域的工作者，發展與培養自己的專業。我所謂的自慢，是指一個人存在的價值在於他有一種能力或專長，是最拿手的絕活，少有人能比，這個專業會是他一輩子的承諾，永遠的追逐。

　　把「自慢」這個詞套用在阿芳老師身上，再適合不過。花了二十幾年的時間在磨練與精進一項技藝，甚且直到現在依然每天演練，不停求新求變，有多少人做得到？更進一步，她把專業奠基在強烈的需求上，「吃」是民生一大事，每個人都需要吃，也想要好好吃，而她就是那個能夠展現如何吃、如何以你最能負擔和操作的方式好好吃的人。

　　專業常常為人所詬病的，就是情感的缺乏。阿芳老師身為一個媽媽，她的專業很大部分是從情感出發，由一個無可替代的角色（媽媽），把一件她被期望要做（煮飯做菜）且大家都需要的事（吃），發揮到極致，變成一種學問，若以市場角度來說，就是一個無可取代的作者結合一個需求強度很強的內容，可謂無敵了。

　　我常說：「業餘者，七手八腳；專業者，絲絲入扣。」社會上太多七手八腳，少了像阿芳老師這樣對一門專長的堅持。當然，這套書是實用的料理食譜，充滿對食物的熱情，但我從中更看到「人味」，以及一種努力不懈的精神。

本文作者為城邦出版集團首席執行長

一部美食料理的字典

林姿佑

　　以往我只知道阿芳老師是個廚藝高手，也看過她的書，後來進了購物台跟老師一起賣商品，才對老師有進一步的認識。

　　阿芳老師給我的感覺，就像鄰家媽媽一樣溫馨親切，而每次只要能夠跟老師一起錄影，我總是非常開心，因為老師會一直餵我吃東西，把大家都餵得飽飽的。幾年合作下來，她對我最大的影響，就是讓我發現做很多的料理其實可以很簡單，只要有心，誰都可以做到。

　　印象最深刻的，是只要跟阿芳老師賣到過年的商品，她常會展現她拿手的炊發粿，而每次她在攝影棚裡炊粿，就會讓我想起小時候在家裡阿嬤跟媽媽忙碌蒸年糕的場景。就是這樣的體驗，讓我發現食物其實也是有記憶跟回憶的。

　　對我而言，阿芳老師就像食物的字典，好比我做饅頭怎麼做都不好吃，跟老師聊過後，才發現在蒸之前稍微擺一下，再次發酵就行。這種撇步是需要經驗的，在三十年前，我們可能有隔壁阿姨或婆婆媽媽可以問，但現今雙薪小家庭多，大家都忙，或許有些媽媽想在忙碌之餘給家人健康的飲食，但往往沒有人可以問與求救。我相信老師這套書，就是最好的解救之道，有家常菜、醬料，連古早味菠蘿麵包也有；大家怕麻煩的糕點，在老師手上用現代的方式，變得輕鬆易做，重點是做出來更好吃。

　　因為認識阿芳老師，我也常自己做料理跟點心，忙碌之餘讓孩子們的便當菜色更豐富營養。最近老師教我做地瓜湯圓，讓我患有糖尿病的爸爸吃湯圓沒壓力，又可以感受到女兒的孝心。冬天晚上一碗自己釀的紫米酒釀加蛋，讓老公感受到老婆的賢慧。

　　這些都是用錢買不到的幸福回憶，我也相信老師這次的作品，可以讓大家在動手做的過程中，感受到開心跟滿滿的幸福，讓美好的食物串起家的味道跟幸福的回憶。

本文作者為購物台專家

右手拿著鍋鏟，
左手不離食安盾牌的阿芳老師

洪美英

二十年前我曾經陪著外婆去越南旅遊，跟阿芳老師一樣，我也是立刻愛上外酥內軟、鹹香回Q的法國麵包，路上遇到小販時，總要買上一條金黃色的大棒過過癮。由於老人家總是很早起床，所以旅程快結束的一天早上，大約五點鐘，我陪著外婆晨起在飯店附近散步，正好看到一大車的法國麵包正在下貨，一大堆麵包就擺在路邊的泥土地上（地上完全沒有鋪墊任何東西），然後人們開始露天分堆，接著陸續有騎腳踏車或是推車的小販過來把麵包領走。當下我內心五味雜陳，原來我吃的法國麵包是經過這樣的製作流程。阿芳老師在書中提到她與師丈同遊越南時，買了十八條法國麵包，沿途吃吃喝喝之後鬧肚子的經驗，我不禁合理懷疑凶手很有可能就是不嚴謹的麵包製程，因此更顯文中阿芳老師提到「不安心美味也無用」之重要！

趁此機會跟所有讀者分享，食品安全不僅須要政府、生產廠商或販賣業者各司其職，我們消費者也要有所行動，除了不買來路不明、價格不合理的食品等，食材買回家之後的保存（好比冰箱溫度與先進先出）、烹調時的衛生（像是生熟食分開刀具），甚至是品嚐食物時的習慣（例如公筷母匙），在在都會影響到食物的安全。在我看來，全程的食安維護網，應該是從產地到嘴巴都含括在內。

這一次，阿芳老師針對爸爸媽媽們以及想要吃得安心的大眾，特別推出一套從早餐、糕點、小吃、甜品、節慶菜餚到醬料高湯的良食全紀錄，這些內容與食譜真的是她累積多年且不藏私的分享。在我的經驗與印象中，阿芳老師是非常少數既有手藝又注重食材衛生，同時不斷吸收食安知識的一位全能美食家。而且她總是利用她豐富的經驗，思索種種如何化繁為簡的智慧方法，讓做菜變得更簡單、更省時！

我相信，生活步調忙碌又重視家人健康的讀者，只要跟著阿芳老師的方法做，輕輕鬆鬆就能讓親朋好友吃得安心又開心。

本文作者為台灣優良農產品發展協會副執行長暨行政院食品安全會報委員

阿芳出品，人人有信心

焦志方

　　網路科技快速發展的今日，紙本印刷和實體通路早已岌岌可危，從許多消失的報章雜誌和式微行業，不難察覺一二，但還是有些書依舊暢銷，還是有些人依舊愛買書，原因無他，就在於寫書人的那份用心，讓買書的人買到了作者的用心，以及摸著實體書時的那份真實感和親切感！

　　阿芳絕對是個「老媽子」的命！不管做任何事，她都會事先在心裡盤算好久，沙盤推演個半天，務求表現的時候能夠做到盡善盡美。如果你以為我講的只是工作，那你可就太不認識她了！上購物台如此、上我的美食節目如此、上各種不同的活動也是如此，甚至連回到了家，扮演一個太太、媽媽、女兒，乃至於剛剛上任的婆婆和奶奶的角色，她都如此。如果說這樣還不算老媽子，那什麼才是老媽子？

　　早就聽說阿芳又要出書了，只是樓梯響了好久，一直不見人下來？從去年下半年開始，她就嚷嚷著要在固定的生活當中硬擠出時間來寫書，奇怪了，不就是本書嘛，不就是把平常上我節目的食譜手稿整理整理，不就八十道菜，大不

了一百道，夠了吧？上述這些揣測都沒有錯，但必須把它們放大三倍來看，因為這次她要一口氣出三本書，而且在食譜之外還要加上故事、心情、叮嚀和分解照片，我猜她當年大學聯考都沒有這麼認真過，否則她現在可能也是位台大法律系畢業的女總統了！

　　據說，之後她就要封筆，至少短時間她不會再做相同的事情，這恐怕就會把事情搞大了！在讀者還沒有為了搶購、收藏她的大作之前，就已經把這個老媽子給忙慘了。她一定要拿出最好的內容來，一定要鉅細靡遺通通寫到，一定不能讓讀者有任何買到虧到的感覺，更重要的是不能讓她自己封筆之後，午夜夢迴時還有尚未交代清楚的地方。

　　雖然我有此榮幸被邀請為這套書寫序，但說來說去都只是在說阿芳這個人，因為我相信，認識她的人，不必翻閱書的內容就會自動預購、訂購和搶購，至於那些不認識她的人，只要隨便翻上個一兩頁，就會買上一套，大家會買都是衝著她這個人，因為大家都和我一樣，相信「阿芳出品，人人有信心」！

本文作者為東風衛視《料理美食王》節目主持人

是你們和書中這些美好的食物，
豐富了阿芳最美麗的人生

　　終於，要提起筆，寫下在這套食譜書中，最令阿芳悸動的一篇文章。

　　走入螢光幕，拿起鍋鏟，口中說、手中做，到今年滿二十年了。拿起筆，彷彿走入時光隧道——求學時期的我，因為家中開設餐廳，每每同學假日出遊，我總是無法跟上，因為我得留在家裡，為忙碌的生意添一把手。後來家中餐廳因都市計畫道路拓寬，拆了半個店面，已經接掌店務的長兄和我，毅然決定結束餐廳經營。也許是被套牢在店中多年，於是接下來我選擇了可以走遠看多的旅遊業。年少時的我曾經覺得，同學的假日很美好，為何我不然？但是參與家中餐飲事業，讓我學到了同齡的孩子所沒有的廚藝，生意忙碌緊湊，也練就我臨危不亂的手腳。後來又經歷旅遊業的磨練，培養了我的表達口條，加上旅遊業以客為尊的宗旨，更養成我心細及好脾氣的特質。回頭看，我很感恩這段

青春歲月，它造就了電視上大家認識的阿芳老師，一個愛做菜、樂於分享的熱情媽媽。

　　其實，台上的阿芳老師，就是台下的我，一個很真實的媽媽。我從不認為自己的廚藝有多高竿，只是依循著作媽媽的感受，加上從小對食物的喜好，尤其是對鄉土美食的興趣，愛吃愛做，以及對飲食文化懷有一份眷戀的文青心態，讓我在年過不惑之後，對我的工作有了新的認識。我努力讓螢光幕上的料理教學更貼近生活、輕鬆易學；而出版的作品，除了親近大眾，更朝經典看齊，期許可以在實用之外，為許多可能因現代快速便利現成而慢慢消失的關於食物的生活智慧，留下文字及故事。讀者可以跟著阿芳的食譜，不只做出好吃的料理，還能夠看到並學習到許多即將失傳的傳統美味。

　　很多讀者及觀眾們常讚嘆，為何阿芳

會做這麼多食物，在此我想分享一個小祕密：在我三十四歲那年，突然有個念頭，不想自己的手指只會舞刀弄鏟，於是我開始在工作之餘勤練鋼琴，我並不是想要學什麼世界名曲，更不是要成為音樂家，只是希望在工作之餘，輕鬆地彈一曲〈甜蜜的家庭〉、〈河邊春夢〉，或者為孩子親自彈奏生日快樂歌，或為外子彈一首他期待我為他而彈的〈綠島小夜曲〉……就是這樣簡單的信念，同樣可以轉到家庭伙食的烹調，只要是家人想吃的、孩子愛吃的，不管做不做得好，我總是先試試再說，不好吃可以不斷修改，不成功再練，沒有經歷不好吃，怎麼感受得出好吃？沒有失敗的心得，怎麼有成功的方法！

這些我視為人生資產的食譜手稿，終於在年近半百、最成熟的條件下，要付梓成書了。收集規畫了多年的手稿，花了幾個月時間做文字整理；而因為季節農產跨越了早春、盛夏、入秋，食譜製作的拍攝工程也歷經了三個季度。阿芳由衷感謝這群最棒的工作夥伴們，過程中的艱辛也讓自己深深感受，這有可能是阿芳烹飪寫作的封筆之作，因為這樣的書，年紀太輕寫不出來，但年紀再大一些，體力也無法完成。

現在，它完成了，阿芳真的把它完成了。

在阿芳出版食譜的歷程中，經歷過社會經濟蓬勃發展，一般家庭需求簡單快速的做菜方法，因而有了《十分鐘上菜》；也有阿芳自己面對孩子在不同年齡的飲食需求而出版的各種料理筆記食譜；還有記錄下對小吃的熱愛及鑽研的小吃食譜《阿芳的小吃》。在景氣低迷時，小吃書成了許多讀者成就事業第二春的啟蒙，我也養成了和讀者互動的友善關係，更體會到一本食譜不是只有材料做法，而是作者多一分細心的表達，就能讓讀者在學習中得到屬於自己的經驗累積。看來每一本書都有它的時代因緣，而這次出版的家庭手做書，正是在回應一連串食安危機。因此，也希望藉由這套書，可以陪著大家正視如何找回與食物的正確關係，除了享受手做的樂趣，更能和家人吃得安心又快樂。

對我而言，手藝可以磨練，熱情可以激勵，但最重要的是，在我電視教學及食譜創作之路，一直與我同在的觀眾與讀者們。常常，在忙碌工作、一身疲憊之餘，阿芳會開啟電腦，搜尋著網路上大家如何製作阿芳所示範的食物，感受那種因阿芳的分享，而在每個家庭產生的手做幸福，如此，我又能丟掉疲憊，重新找回最大的動力。也因此，阿芳要用這一套在我家醞釀而生的幸福書，回送給大家，謝謝你們，是你們和書中這些美好的食物，豐富了阿芳最美麗的人生。

目錄
Contents

媽媽的早餐店..........10

媽媽的早餐店

　　一日之計在於晨，很多人都知道早餐很重要，卻總是在忙碌、沒時間的理由下，就在外頭隨便買個餐點來打發。

　　阿芳也是個職業婦女，忙碌的媽媽，一忙起來，常常好幾天跟孩子們見不上幾次面，但是不論再怎麼忙，我很堅持要為家人準備早餐，幫他們備足精力，以迎接一整天的挑戰。

　　為了心頭上這份媽媽的堅持，我總是利用空檔時間，事先做好麵包、饅頭、蔥油餅等各種家人喜歡的早餐主食，收入冰箱保存，每天早上，只要將存糧從冰箱裡拿出來回溫加熱一下，或塗上一些抹醬變化口味，配上一杯咖啡或豆漿，就可以滿足全家人的第一餐，而我也能安心出門，開啟一天的忙碌。

經典的早餐吐司
用麵包機也可以做出
手感麵包

前年當「麵包機為家中十大無用電器」的新聞一出，阿芳就在電視節目上錄製了一個專題，教大家如何借助麵包機方便的特性，加入手做的質感，做出好吃又耐吃的麵包。

還記得錄影當天，阿芳把麵包機及材料放在攝影棚的檯面上，攝影大哥就開心地說，他家也有麵包機，他也會用麵包機做麵包。阿芳問他好吃嗎？他說好吃。後來阿芳在節目上講解了製程，以及麵包機方便與不足之處，也示範了麵包機吐司的做法，並分享麵包應該也有健康的BMI值這個觀念。除了拍攝，攝影大哥當然也吃到了阿芳的麵包機吐司放涼後的口感。停機之後，這位可愛的攝影大哥竟然說，吃完我做的麵包機吐司，他才發現他家好像吃了三年的發粿。

了解製程，學習駕馭

由於麵包經濟實惠、口味多變，成為最傳統經典的早餐主食之一。只是隨著加工技術進步，改良方式也不斷創新，

市售的麵包多半看起來很漂亮，入口後卻常出現過香過油、口感過佳或不佳的狀況，加上隨著物價高漲，價格也不再那麼親民。

麵包機流行後，做麵包好像變得容易，很多人第一次用麵包機做吐司，光是聞到味道就充滿成就感，卻忽略了是否真的做出健康又合乎標準的麵包。再加上麵包機在銷售宣傳時，往往傳遞出擁有一台麵包機就可以隨心所欲變化多種麵包的訊息，所以一般使用者常常就天南地北、五花八門地加料，殊不知不同的麵包各有正確的麵粉油脂水分糖量的比例，才能做出健康的麵包。

麵包機讓想要自己動手做的人，有了很大的嘗試空間。不論跟著傻瓜自動模式做，或是隨心所欲亂加一通，玩過幾次之後，多數人會發現，除了興奮感慢慢降低，麵包的美味度與想像的還是有所落差，也因此很容易就把機器給停工了，所以麵包機才會名列十大家庭無用電器。

阿芳家幾乎天天使用麵包機，借由麵包機傻瓜免顧的特質，完成費力費時的揉麵，發酵出麵包的麵糰，再由我手做整型，視需求再回麵包機或烤箱做烘烤。阿芳對麵包機的感受，就如同學習家中任何新的3C商品一般，要先了解製作過程，多玩幾次，才能輕鬆駕馭。

符合人口需求，多種功能選項，享受手做樂趣

很多人問我，要買哪個牌子的麵包機？事實上，我家有三、四個牌子的麵包機，我的建議是，買麵包機要像買電鍋一樣，首先根據家庭人口結構來挑選機型。如果是三、四口之家，最好買可以揉動四、五百公克麵粉的麵包機，因為麵包的製程不算短，做一次的分量可以在一至兩天內就吃完，若買太小的機型，要是好吃想多吃幾口根本不夠，加上時間的成本，就不符合經濟效益。

再來，阿芳建議不要買只有完全全自動功能的機型，如此一來你只能選擇各種傻瓜模式；建議買可以全自動與具有分段功能模式的機型，例如只要攪拌，或者只要發酵，或者發酵加烘烤。麵包類製品有基本的製作過程，例如發酵，我們可以把比較費事的揉捏，還有不容易控制的發酵程度、溫度、濕度等等，交給機器完成。發酵後把麵糰拿出來整型，再放入烘烤，或者先拿出來放入餡料，再開始烘烤，當然也可以拿出來變化各種口味及造型，藉由平面式的烤箱烘烤。這樣的流程切割，可以讓你體會到更多手做麵包的樂趣和創意。所以我常說，麵包機應該要像台類單眼的傻瓜相機，可以選擇傻瓜模式，但也能切換手控模式，達到單眼相機專業的效果。

透過整型排出發酵氣體，麵包更健康

不少買麵包機的人，關心的就是「健康」，而阿芳把發酵過的麵糰拿出來整型，用意就在於可以讓麵糰裡面發酵的氣體排掉，麵包吃起來的酒酵味就不會那麼重，長期吃也比較不傷胃。

如果一台麵包機可以兼顧健康、美味、成就感，那它被束之高閣的機率就低了許多。至於好不好吃？其實麵包機只是一個因素，麵粉、用料、配方、操作，都會影響成品效果。我的觀念是，麵包機是一個方便的機器，但必須加入手做的功夫，才能讓麵包吃起來更健康美味，這可是完全藉由機器所做不到的。雖然我們不是麵包師傅，但稍微弄懂麵包製作的過程，就可以駕馭機器和變化這些過程，這也就是阿芳提倡「麵包機手做吐司」的精神。

寬 13cm

高 14cm

麵包線

15.5cm

長

（15.5cm×13cm×14cm）＝ 2821 ／463＝6.09

麵包BMI值：長×寬×高／重量

原來麵包也有健康的BMI值

　　阿芳建議初學者可以由不加料的吐司入門，學習判斷發酵到什麼程度是成功麵包的質感。而藉由吐司BMI值的測量，就可以知道自己是否做出具有體質健康的基礎麵包。

　　以吐司成品的長寬高相乘得出麵包體積，再除以麵包的實際重量，會得出一個值。如果這個值落在5.8～6.2，表示這條麵包的體質很健康，美味程度絕對八九不離十。如果數值偏高，表示可能發酵過頭，麵體膨脹得很大，卻是虛胖，酵味重，長期吃對胃不好；數值太低，表示發酵不完全，因為紮實，對胃的消化負擔也不低。

　　用麵包機烤麵包，就怕烤過頭，麵包過乾。而麵包有沒有烤好，可從麵包線來判斷，看到這條麵包線，就代表麵包已經烤到全熟了。

剛出爐的麵包，不要急著吃

　　初次做麵包最容易犯的錯誤就是，麵包剛出爐，熱騰騰的馬上吃，覺得美味無比，但這時候麵包發酵的氣體還未散盡，隨著咀嚼被嚥下肚，對腸胃不好，容易造成脹氣與胃酸過多。切記，麵包一定要回到常溫或等熱氣散去再享用。冷掉的麵包再加熱就沒這問題了。

麵包機
手做吐司

材 料

A 高筋麵粉3杯、
細砂糖2大匙、
奶粉2大匙、鹽1小匙、
即溶酵母粉1又1/2小匙

B 水1又1/8杯、蛋1個、
奶油2大匙

做 法

材料A全部放入麵包機的攪拌桶
中，再將材料B的水由酵母處加
入，再打入蛋。選擇「攪拌＋發
酵」功能啟動機器。

待麵粉攪拌成粗糰，可投入奶油
繼續攪打至完成，至少約需1.5小
時，發酵麵糰即完成。

3

取出發酵麵糰，拿掉攪拌片，將麵糰分割成2～3等份，整成圓球型，以塑膠袋加蓋，靜置約10分鐘。

4

將麵糰擀成長橢圓狀，再捲成軸捲狀，排入攪拌桶中。

5

在表面噴些水，讓表面濕潤，再放回機器中，設定發酵50分鐘至1小時（約發至模型的8分高）。

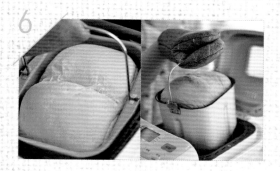

6 選擇烘烤模式，一般機器可選擇烤色、設定時間，全模的分量一般機器已設定為50～60分鐘，烘烤完成即可取出。

7 將麵包倒放在網架上回涼，熱氣散盡後回到常溫，儘快以袋子包好防止乾化。

8 麵包有沒有烤好？除了從頂面上可以看到一條明顯的麵包線，還可從中間剝開看看，若呈現一絲一絲狀，且麵包體組織綿細緊實，就是成功又好吃的麵包。

阿芳老師的手做筆記

● 若麵包機的機模較小，請改用較小分量的配方，做法相同。（小分量配方：高筋麵粉2杯、細砂糖1又1/2大匙、奶粉1又1/2大匙、蛋1個、水2/3杯、奶油1又1/2大匙）

紅豆吐司

材 料

A 高筋麵粉3杯、細砂糖2大匙、
鹽1小匙、即溶酵母粉1小匙、
牛奶1/4杯

B 水1又1/4杯、奶油2大匙

C 蜜紅豆1杯、水少許、
生白芝麻1大匙
（另備長模大1個或小2個）

做 法

材料A全部放入麵包機
的攪拌桶中，再將材料B
的水由酵母處加入，選
擇「攪拌＋發酵」功能
啟動機器。

待麵粉攪拌成粗糰，即可投入奶油繼續攪打至完
成，至少約需1.5小時。（若無麵包機，則以
手揉成糰，待可拉出薄筋狀，即可加蓋發酵1
小時。）

3

取出麵糰分割成2份，每一份再分3等份，用手抓收成光滑圓球狀，
加蓋鬆弛15分鐘。

4

取出麵球，擀成長片，抹上材料C的蜜紅豆，捲成長麵卷，排入模型中。

5

在麵包胚上，均勻噴灑水，撒
上生白芝麻，蓋上一層防沾
紙，送入烤箱，以50℃微溫再
發酵約50～60分鐘，取出。

6

烤箱預熱至160℃～180℃，將發
酵好的麵包胚放入，烘烤約40分
鐘。（烘烤約25分鐘過後，可改
成只用下火烘烤。）

7

立即取出紅豆吐司，在桌板上輕
摔模型一兩下，即可扣出吐司，
置於烤架上，待涼即可。

阿芳老師的手做筆記

● 亦可直接以麵包機攪拌桶為
　模，參照「麵包機手做吐司」
　的做法完成烘烤。

● 蜜紅豆是一道家庭常備甜品，用
　途甚廣，做法參見本書第133頁。

法式麵包飄香

沒有對或錯，
家人喜愛就是真王道

前幾天，阿芳家的餐桌上放了一條吃剩一半的法國棍子麵包，阿芳的先生拿起來摸一摸，跟我說好像不太好吃的樣子，而我其實也有同感。我問說是誰帶回來的，才知原來是在北部求學而寄居在阿芳家中的姪女買的，她說那是她趁假日特地去買的，是一家很有名的店、很有名的大師做的麵包。後來阿芳問了她，好吃嗎？她直說不好吃，只是很貴，所以她吃了半條。愛開玩笑的先生，竟然就從冰箱裡拿出我們家自製的麵包，兩者一起復熱，最後先生和孩子們還是愛吃自家的這一味。

不同的製作條件，成就不同的麵包

阿芳覺得，應該不能說是好吃或不好吃，而是吃的慣或吃不慣。現在許多的麵包名店，講究的是天然食材，以及超高的製作技藝，強調不以人工添加或過多的裝飾來打造麵包，聽起來似乎很符合家庭的需求，雖然價格不斐，但還是有許多人願意掏荷包購買。這樣的麵包，只要是在新鮮剛出爐時吃，應該可以吃出麥香及口感十足的風味，很多時候沒有十年、八年的手藝是做不出這樣的效果。

然而，當這樣的麵包擺在家中，經過覆熱，往往就無法像原本那麼可口。為什麼呢？因為一般的家庭烤箱，並不像麵包店或餐廳中的烤箱，除了烘烤，還有加濕的條件。如此一來，再好的麵包進了家裡的烤箱，可能就因為沒有好的復熱條件而被埋沒了！

迴盪阿芳心中的土耳其與越南法國麵包

在阿芳的記憶中，有兩個令我念念不忘的法國麵包。

第一個是十多年前，阿芳和先生到土耳其旅遊十三天，在當地吃到的法國麵包。土耳其人以麵包為主食，每天用餐時，桌上就是一簍外脆內軟、鹹香回Q的法式長麵包。當時同團的長輩夥伴

們，因為沒有白米飯而苦惱，但阿芳和先生卻愛極了這樣單吃有味，沾著橄欖油或地中海料理的湯汁食用也同樣帶勁的歐式麵包。回台後，阿芳總是會想起那股留在腦海中的滋味。

另外一個記憶中美好的法國麵包，可就有趣了！那是阿芳和先生到越南胡志明市自助旅行時吃到的麵包。由於越南曾經是法國的殖民地，所以在街邊小販、小吃店或在餐廳裡，都可以吃到胖胖的法國麵包。除了烤熱吃，最好玩的就是像潛艇堡一般，夾上了烤豬肉，拌上酸酸的生菜，咬上一口，美味十足。尤其街邊那些堆滿整車法國麵包的推車攤販，實在很吸引人，我們吃了好幾天，直到要回家的前一天，阿芳和先生決定買一些回家，延續這趟旅行中的美味。當時越南的幣值很低，物價也很便宜，我們買了合計約台幣五十元的分量，竟然拿到了十八條麵包，塞滿了我們的行李箱。

自製美味是為了延續美好的記憶

雖然那次的旅行因為吃吃喝喝，加上當時越南的衛生條件與現在差距甚多，最後阿芳和先生都以拉肚子收場，但那種麵包的風味，縈繞在我們的腦海中。先生也開玩笑說，下次誰要去越南，他就要惡作劇，請他買個一百元的法國麵包回來。只是多年後，我們重遊越南，一條麵包已經要台幣十元了。

因為記憶中這兩種令人口齒留香的麵包，才有了阿芳家自製的這個法國麵包。它沒有什麼講究的麵粉及食材，也不需要什麼高超的工藝，在家可以輕鬆完成，而且具有經久耐吃的口感及口味。簡單自然，做好後放涼包好，放在冰箱，想吃切一切，烤熱後就可以果腹，而且可以加料做成不同風味，讓阿芳記憶中的美味，時時在家中飄香。

脆皮
法國麵包

材料

Ⓐ 高筋麵粉2又1/2杯、
低筋麵粉1/2杯、二砂糖1大匙、
鹽1小匙、即溶酵母粉1小匙、
水1又1/4杯、橄欖油2大匙

Ⓑ 水適量（裝入噴水壺中）、
麵粉2大匙

做 法

1

材料A的兩種麵粉料及鹽先放入盆中，再將二砂糖及酵母粉分放兩邊，並自酵母處將水倒入，以筷子攪至不見水分的粗糰。

加入橄欖油，繼續揉成光滑可拉出筋膜狀的麵糰，放置溫暖處發酵1小時。（此步驟也可使用麵包機的「攪打＋發酵」的功能，設定1.5小時完成發酵麵糰。）

2

3

取發酵麵糰,切分為4～6等份(視烤箱大小決定),每等份依序整成圓球形。蓋上抹了些許油的塑膠袋,鬆弛15分鐘。

取適量的防沾紙,摺成淺凹槽,鋪放在烤盤上。

4

取出發好的麵球,按成橢圓片,再捲成長條捲狀,下方收口捏合,搓成長條狀,排在鋪了防沾紙的烤盤上。

5

先噴水,放入有餘溫的烤箱中,二次發酵50分鐘。

6

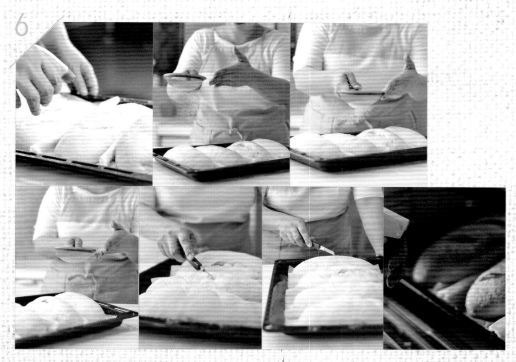

取出麵包胚，將烤箱預熱至180℃，並在麵包胚上先噴上水再撒上乾麵粉，以薄片利刀劃出裂口，再噴上水，移入烤箱烤約30～35分鐘。在最後5分鐘時，打開烤箱，再噴一次水，烤至麵包上色即成。

阿芳老師的手做筆記

- 這個脆皮法國麵包應有的口感是殼薄心軟，出爐後的香脆酥殼，回涼後會回軟，可以包好冷藏保存。
- 覆熱回烤時，切記要讓它站著烤，因為立正烤，剖切面不會面向爐火，可以減少水分流失，保有麵包的好口感。

葡萄乾核桃
麵包

材　料

Ⓐ 高筋麵粉2又1/2杯、
低筋麵粉1/2杯、二砂糖2大匙、
即溶酵母粉1小匙、水1又1/4杯、
鹽1小匙、橄欖油2大匙

Ⓑ 烤香核桃1/2杯、葡萄乾1又1/2杯、
麵粉2大匙、噴水適量

做　法

A項材料橄欖油之外，先以筷子
攪成不見水粗麵糰，再加入橄欖
油揉捧成帶筋膜的麵糰，加蓋發
酵1小時（亦可使用麵包機攪打
擊發酵功能共1.5小時完成發酵
麵糰）。

2

3

發酵麵糰分割成4等份，滾圓輕蓋上抹油塑膠
袋靜置15分鐘。

烤盤以防沾烤盤紙摺
出區隔紙墊。

4

取麵糰用棍或用手壓成長橢圓狀，包入烤香核桃及葡萄乾，包成長
梭子狀，收口捏合壓在下方，排在防沾墊紙上。

5

完成後噴水，移入
烤箱以50℃微溫二
次發酵50分鐘。

6

取出先噴濕再撒上乾麵粉，以利刀劃出斜口，噴濕麵包胚。

7

送入預熱至180℃的烤箱，烘烤30～35分鐘，最後5分鐘再多噴一次
水，續烤至表面香酥即成。

辛明太子
麵包

材 料

A 高筋麵粉2又1/2杯、低筋麵粉1/2杯、
二砂糖1大匙、鹽1小匙、即溶酵母粉1小匙、
水1又1/4杯、橄欖油2大匙

B 明太子2小條（約2大匙量）、玉米粉2大匙、
水3/4杯、鹽1/2小匙、紅辣椒粉1/4小匙、
橄欖油1大匙

C 水適量（裝入噴水壺中）、麵粉2大匙

做 法

材料A的兩種麵粉料及鹽先放入盆中，再將二砂糖及酵母粉分放兩邊，並自酵母處將水倒入，以筷子攪至不見水分的粗糰。

加入橄欖油，繼續揉成光滑可拉出筋膜狀的麵糰，放置溫暖處發酵1小時。（此步驟也可使用麵包機的「攪打＋發酵」的功能，設定1.5小時完成發酵麵糰。）

2

材料B的明太子在半冷凍狀態下劃開卵膜，取下魚卵。

3

將材料B中的玉米粉、水、鹽、紅辣椒粉在小鍋中調勻後，開火，攪煮至沸騰呈稠糊狀，熄火，放入明太子卵及橄欖油拌勻，放涼後即為「明太子抹醬」。

4

取出發酵麵糰，分割成4等份，整成圓球，蓋上抹了些許油的塑膠袋，鬆弛15分鐘。

5

取出發好的麵球，按成橢圓片，再捲成長條捲狀，下方收口捏合，搓成長條狀，排在鋪了防沾紙的烤盤上。

6

完成後噴水,移入烤箱以50℃微溫二次發酵50分鐘。

7

取出麵包胚,將烤箱預熱至180℃。先噴濕麵包胚再撒上乾麵粉,以薄片利刀在麵包上劃縱向紋,再噴一次水,即可入烤箱烘烤30~35分。

8

在最後8分鐘時,取出麵包,將明太子抹醬抹在縱向裂口上,多噴一次水,再移入烤箱中,繼續烤至水分全乾,麵包呈酥狀即可出爐,待冷再享用。

阿芳老師的手做筆記

● 市面上賣的辛明太子麵包很貴,但確實好吃,因為它有一種特殊的鹹香味。為了經濟效益,我是用超市日本漁貨櫃中可以買到的明太子加玉米粉來調配醬料,口感不比市售差。

阿芳家的深夜食堂

柔軟的甜麵包，
最容易勾動口慾的饞動

小餐包、叉燒餐包、沾上肉鬆的小麵包，還有經典不敗的菠蘿麵包，這些都是香軟且多變化的甜麵包。雖說是甜麵包，可不一定都是甜口味。所謂甜麵包是指在麵糰中，加入比較高量的糖，並加入奶油、奶粉多了奶香，所以麵包體就更柔軟，家中伙食如果是以孩子為主，或是孩子正在成長中，這些甜麵包一定會常常出現！

說了不怕大家見笑，我們家是標準的青年之家，除了阿芳的兒子、媳婦、女兒，還有寄住的姪女，連阿芳的工作環境裡也都是年輕朋友，也因此阿芳每每開發新配方，就是靠著這些年輕人的品嚐及建議，才能做出大家都喜愛的口味。

阿芳堅持以天然的材料來製作和運用，所以除了書上的幾種麵包變化，在阿芳家，像青蔥就可以做成「蔥阿胖」，洋蔥鮪魚加上沙拉拌一拌，就可以夾在烤熱後的餐包中，變化多樣，孩子喜歡求變的心態可難不倒媽媽了！

善用時間，麵包製作不費時不費事

阿芳最常製作麵包的時間，是黃昏下班回家至開始做飯前這段空檔。我會把麵粉材料先投入麵包機，由機器先替我完成發酵麵糰，接著開始做晚餐。吃完晚餐後，麵糰差不多就已經發酵好了，在開始洗碗前，我會先將麵糰分割好用抹油的塑膠袋蓋著，等待中間發酵的時間，然後碗洗乾淨了，再開始整型成想要的樣貌。利用看電視放輕鬆的時間，整型好的麵糰完成後發酵，就可以開始烘烤。就這樣，不必一直耗著時間，便可以在消夜時段把麵包給完成了。

剛出爐的麵包稍微放涼，嘴饞的孩子們就會想吃，因為自製的麵包可是充滿麥香奶香；而剩下的部分就是隔日的早餐，方便又輕鬆。阿芳也跟上網路科技，學著大家把家中深夜食堂出爐的

麵包，及時上傳臉書，而每當上傳的是年輕人愛的甜麵包，所得到的回響就是讚聲不斷。現在阿芳要把這些在我家深夜食堂裡經常上場的角色，一一介紹給大家。

樸實無華古早味，菠蘿樣貌蛋皮香

在這些麵包中，阿芳要特別一提的，就是菠蘿麵包。在阿芳孩提時代，我家附近就有一家很有名的台南百年餅舖——舊永瑞珍。這家餅舖除了賣傳統喜餅，我和哥哥姊姊們最愛的，是他們每天少量製作的菠蘿麵包及椰茸麵包。

我們這群孩子放學時，剛好是麵包出爐的時間，在回家的路上，我們會拿著零用錢去買上一個，光看那樣的金黃色澤及香噴噴的滋味，就讓人流口水，邊走邊吃更是有味，吃完了再去補習。我記得當時幾個同學都是人手一個菠蘿包，那樣的孩時記憶，一直到我遠嫁台北還深深印記。

用手藝找回吃的記憶

在台南觀光大盛之後，許多原本幾近退休的老店都把舊業重新開展，阿芳再回到舊永瑞珍，想一嚐那孩提時的美味，可惜店家現在只做台南的古早味老餅，菠蘿麵包已經不再做了。因此，阿芳利用自己的雙手，希望再把兒時記

憶中那個甜皮酥脆、不油不膩，也不會有過濃香精味的菠蘿包給做回來，而且是以家庭式的配方，適量生產；一份配方，共用兩顆蛋，物盡其用，剛好皮料和麵包體都用上，而一個配方可以做出12～14個麵包，可以說經濟價值十足，而且保證就是阿芳記憶中的美味。

至於是不是小時候的美味呢？在我們拍攝食譜時，幫阿芳編書的編輯姊姊也和我年齡相仿，除了出版美食，也吃得刁，當她吃到這個麵包時，除了稱讚美味，還直說這就是我們那個年代的麵包，和現在麵包店裡那種十分柔軟卻香濃黏牙的麵包大不同，於是阿芳的這個菠蘿麵包，就被稱作是「古早味菠蘿麵包」。

起士小餐包

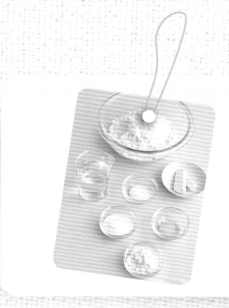

材 料

A 高筋麵粉3杯、奶粉2大匙、
鹽1/2小匙、細砂糖4大匙、
即溶酵母1小匙、水1杯、
蛋1個、奶油2大匙

B 起司片6片

做 法

1

材料A的麵粉、奶粉、
鹽先放入麵包機攪拌
桶內,再將細砂糖及
酵母分放兩邊,水及
蛋一起打散,由酵母
處倒入後,即可設定
「攪打+發酵」功
能。

2

待麵粉攪拌成粗糰,即可投入奶油繼續攪
打至完成,至少約需1.5小時。(若無麵包
機,則以手揉成糰,可拉出薄筋狀,即可加
蓋發酵1小時。)

3

起司片每片切成4等份,對折成小條片
狀。

4

取出發酵麵糰，先切為4等份，每等份再各分為6個小麵糰共24個。
將小麵糰整成圓球狀依次排好，蓋上抹油的塑膠袋鬆弛10分鐘。

5

取一個小麵球，以手前後推成
長橢圓片；將前方麵皮向內翻
捲，順勢放上一條起司條，以
手按兩邊麵皮，捲成橄欖球形
麵胚，收口壓在下方，排入烤
盤。

阿芳老師的手做筆記

● 如果不包餡心，就是很基本的奶油小餐包，家庭聚餐
  時是很好的前主食。

● 不包餡心的小餐包，也可以在涼透後塗抹上沙拉
  醬，沾上肉鬆，就可以變化成肉鬆麵包了。

6

在麵胚上噴水，蓋上抹油的塑膠袋，靜置50分鐘到1小時，完成二次發酵。

7

將麵胚移入已預熱至180℃的烤箱，烘烤18～20分鐘即完成。

小餐包的變化做法：叉燒餐包

材料

A 小餐包發酵麵糰1份

B 洋蔥1/2個、
小里肌肉1/3段（約200克）、
醬油2大匙、蠔油2大匙、
二砂糖3大匙、香油1大匙

C 玉米粉1大匙、麵粉1大匙、
水1/2杯

做法

1
材料C先調成「粉水」。

2

材料B的洋蔥切小丁，小里肌肉切小丁。起油鍋，先爆香洋蔥丁，再加入肉丁炒散，加入醬油、蠔油、二砂糖和香油1大匙炒香後，倒入「粉水」，炒成濃芡，盛起，放涼，即為「叉燒餡」。

叉燒餐包

3

將發酵麵糰分割成24等份，收整成圓球狀，以抹油的塑膠袋加蓋，
放置10分鐘鬆弛。

4  5

手沾少許手粉，將麵球按扁，包入叉　　　噴水，輕蓋上抹油塑膠袋，靜置溫暖
燒餡，收口捏合，壓於下方排於烤　　　處50分鐘，二次發酵。
盤，每個麵胚之間需預留漲大空間。

6

移入已預熱至180℃的烤箱中，烘烤18～20分鐘即成，
烤好後抹油。

阿芳老師的手做筆記

● 如果叉燒內餡不包入餐包的麵糰中，也可
以改用本書介紹的花捲麵糰來包。包好之
後用蒸的就是叉燒包了。雖然不像港式茶
樓會裂口的叉燒包，但美味不減分。

古早味
菠蘿麵包

材 料

 麵糰
高筋麵粉2又1/2杯（375克）、
低筋麵粉1/2杯（70克）、
奶粉2大匙（20克）、
二砂糖4大匙（60克）、
鹽1小匙（8克）、
蛋1個（55克）、
即溶酵母粉1又1/4小匙、
水約3/4杯（強）、
奶油1又1/2大匙（20克）

 酥皮
奶油1/3杯（70克）、
糖粉1/2杯（100克）、
奶粉2大匙（20克）、
鹽1/4小匙、
蛋汁1/2個、
低筋麵粉1杯（130克）

 其他
高筋麵粉2大匙、
蛋汁1/2個

做 法

1

將高筋麵粉2又1/2杯、低筋麵粉1/2杯、奶粉2大匙、二砂糖4大匙、鹽1小匙、蛋1個、即溶酵母粉1又1/4小匙、水約3/4杯放入麵包機中，設定攪打發酵麵糰，等到麵粉成糰之後再加入奶油續打勻成為麵糰備用。

2

將麵糰取出後分成14等分，整圓後加蓋略放15分鐘使其二次發酵備
用。

3

取一容器，放入軟化奶油1/3杯、糖粉1/2杯、奶粉2大匙、鹽1/4小匙
攪打均勻，加入蛋汁1/2個拌勻後，再加入低筋麵粉1杯，拌勻後分
成14等分作為酥皮備用。

4

雙手沾上高筋麵粉，取1份酥皮，壓扁後包住1份麵糰，排在烤盤上
備用。

5

以切麵刀在酥皮上劃出格紋，噴上少許水，放入有微溫度的烤箱中做最終發酵50分～1小時。

6

取出烤盤，在酥皮刷上蛋液後放回烤箱，以170℃～180℃烤18分鐘至酥皮金黃上色即可。

阿芳老師的手做筆記

● 如果烤箱有發酵功能，就放在烤箱中以發酵功能做發酵；若烤箱沒有發酵功能，可以開機加熱到機身發熱的狀態，關掉火力，先讓大熱氣散去，再把麵包噴水放入烤箱中二次發酵。

● 甜麵包要有好口感，二次發酵很重要，一定要發到蓬鬆輕身，才開始烘烤，麵包的質感才會柔軟，但也不要到癱身，因為這樣的麵包烤好容易回縮。

最簡單也最好吃

做出又白又嫩的少女饅頭

手工的真心意，串起溫暖人情

前些時候錄影，我一進棚，知名的醫藥記者洪素卿立刻朝我走來，興奮地說，她買過無數的饅頭，不乏各大名店，包含什麼多好的老麵頭，但都沒有引起家人特別的反應。直到一星期前，我進棚前順手帶了幾個親手製作的早餐饅頭給她，這幾個饅頭反而引起她的家人好評，特別問她是在哪裡買的。

我住處七樓的鄰居有天登門造訪，剛巧我做好的饅頭出爐，香氣四溢，我包了幾個饅頭與他分享，一星期後，鄰居太太特別來我家，問我可不可以教她做嗎？原來他們吃過我的手工饅頭後，對味道念念不忘，於是硬著頭皮來敲門拜師。由於他們是七、八口之家，於是買了整大袋麵粉自己做，還做上癮了。

簡單的吃，愈吃愈唰嘴

不久前我參加了電視台同事近50人的大露營，而我當然擔起伙食任務。我做了50個菠蘿包和30個饅頭要給大家當早餐，不料到了消夜時刻，眾人就紛紛打起饅頭的主意，後來東西當然被吃光光。露營結束後，參與的每戶人家都想念饅頭，尤其小孩子。於是兩週後，我家擠了大大小小近30人，舉行了一場親子饅頭會。

我不是要自吹說我做的饅頭有多好吃，而是想要表達，愈簡單的食物，往往愈有征服人的實力。

白饅頭在我家是永遠不敗的食物，因為蒸熱了，軟中帶Q，麵香十足，還可以夾肉鬆、配菜脯、夾蔥蛋、搭滷味。但看似簡單的東西，往往做起來愈不簡單。

這道食譜也是我在做電視教學的生涯中，觀眾提問最多的一個。每每夜深人靜時，我常在網路上回答觀眾的各式問題，而對於白饅頭的製作，每個人遇到的問題其實都差不多。

麵糰發好了，饅頭就漂亮了

關於製作饅頭的麵糰，我很喜歡用一種比喻：麵粉加上酵母添水揉成小baby

麵糰,這糰又白又嫩的小baby,發酵後成了青春少女,而隨著發酵時間愈長,它就慢慢變成婦女、乃至阿婆。若要論健康性,當然是在年輕時最好。

因此,製作饅頭的訣竅,就在於如何在麵糰還屬青壯年時就拿去蒸,因為這時候它最能抵禦水氣和熱氣。換言之,若你蒸出來的饅頭皮會皺,可能是它已經中老年了,無法承受又蒸又悶的壓力;又或者,可能是你給它的環境太過嚴苛,太過靠近蒸鍋的水,或是鍋子的氣密性太高,壓力太大。

愈做愈好,愈做愈自在

此外,蒸饅頭不一定要用蒸籠,也可以用電鍋或炒菜鍋架上架子,但切記水不要太接近饅頭底,金屬蒸鍋一定要邊蒸邊排氣。把握這幾個重點,就可以蒸出又美觀又健康的饅頭。

另外一個重點是,我們都有自己慣用的工具,常常使用就會摸出自己的一套方法。沒有任何所謂絕對精準的製作方式,因為就算是同樣的材料,例如中筋麵粉,也會因來源不同而有不同的差異,一種製作方法也會因為工具條件而

有差異,最重要在於多做,經驗自然就會造就出手藝。

關鍵的70～80分鐘

製作饅頭只要記得一個流程和邏輯:揉麵、發酵、整型、二發、入蒸;從揉麵到最後出鍋,在溫暖的條件下,不要超過70分鐘。

這70分鐘(夏天70分鐘,冬天80分鐘)怎麼算呢?揉麵10分鐘,盆內一發10～20分鐘(夏天短冬天長),整型5～10分鐘,二發10～25分鐘。最後,一般拳頭大的饅頭,需要的蒸熟時間總共約18分鐘(含水蒸氣出來後再蒸10分鐘),金屬蒸鍋一定要留出氣口。

蒸好開蓋時要注意,熄火之後要再略放上2分鐘,移開蒸籠,開蓋時先開小縫讓熱氣跑掉,再整個開蓋。

> **│非│知│不│可│**
>
> 　初學者做饅頭怕失敗,記得饅頭體不要揉得太濕、太軟,要勻中帶結實。若偏柔軟,比較容易發酵過頭,蒸好的饅頭樣行也較塌。

白饅頭

材 料

A　中筋麵粉3杯、
細砂糖2大匙、
即溶酵母1小匙、
水1又1/4杯、
沙拉油1小匙（不放亦可）、
手粉適量（乾麵粉）

做 法

1

麵粉放在盆中，細砂糖及酵母粉分別放在麵粉的兩端，水由酵母處倒入，以筷子攪散酵母，再與麵粉攪成不見水分的粗麵糰，再加入沙拉油，略略攪勻。

手沾上手粉,將粗麵糰抓揉成糰後,取出,在桌板上揉成光滑麵糰,蓋在盆內靜置發酵10～25分鐘(夏短冬長)。

桌板上撒上薄薄一層乾麵粉,取出麵糰,直接以擀麵棍擀開成大片,再收摺成長方形。

再擀開一次,即可捲成長條麵卷狀,收口壓在下方。

5

以刀切出7～8公分寬的段，每一段墊上防沾紙，排入蒸籠中，加蓋，再放置15～25分鐘（夏短冬長），開蓋看到麵胚已脹大且切口紋路已不明顯，即可移至冷水鍋上。

6

開中大火，蒸至冒出水蒸氣，再多蒸10分鐘熄火，略放2分鐘後，移開蒸籠取出饅頭，至饅頭退去熱氣，即可以袋子包好防止乾化。

阿芳老師的手做筆記

● 麵糰對溫度的反應很明顯，如果天熱濕度高，饅頭發得快，但若到了冬季天冷時，沒有適合的發酵溫度，放再久，可能也發不大，在整型後等待二發時，可以將蒸籠放在有熱氣不過燙的水鍋上，這樣發酵的時間才準確。

黑糖饅頭

材 料

A 黑糖1杯、水1杯

B 即溶酵母1又1/2小匙、
冷水4大匙、中筋麵粉3杯

C 手粉適量、水少許

做 法

材料A黑糖放入小鍋，先加入少許水，開火，燒煮出香氣及焦糖色，再倒
入剩下的水，煮至完全融化，熄火，放至微溫。

材料B的即溶酵母粉和冷水調化。中筋麵粉放在盆中，先倒入酵母水拌勻，再倒入黑糖水，以筷子攪至不見水分的粗糰，即可揉成光滑的黑糖麵糰，放在盆中加蓋靜置15～30分鐘（夏短冬長）。

桌板撒上手粉，取出麵糰，直接擀成大片，收摺成長方片狀，再擀成長卷片狀，抹上少許水，捲成長條麵卷，收口壓於下方。

4

以菜刀切成7～8公分段狀，鋪上防沾墊紙，排於蒸籠中，噴上少許水，加蓋靜置15～25分鐘（夏短冬長）。

5

開蓋看到麵胚已脹大且切口紋路已不明顯，將蒸籠移入冷水蒸鍋，大火蒸至水沸冒出蒸氣，改中火多蒸12分鐘，熄火，多燜2分鐘，再移籠開蓋取出。

阿芳老師的手做筆記

● 黑糖饅頭的發酵時間較長，尤其在冬天要更久一點。因為黑糖的密度高，發酵的初期階段需要比白饅頭更長的時間。至於煮黑糖的重點，要香而不焦，而所謂的焦還有分金黃焦香和炭黑焦香，炭黑焦就會回苦，這部分只能靠嘗試摸索，累積經驗來判斷。

香芋饅頭

材 料

A 芋頭1/2條、二砂糖4大匙

B 中筋麵粉3杯、二砂糖1大匙、
即溶酵母1小匙、水1又1/4杯、
沙拉油1小匙

做 法

1

材料A的芋頭削成0.7公分×0.7公分的條絲狀，排在鋪有防沾紙的平盤上，移
至蒸鍋，蒸至聞到芋頭香氣，開鍋，以筷子撥動看看是否斷裂，若有斷裂表示
熟透，就可撒上二砂糖後取出放涼，即為「芋絲餡」。

材料B的麵粉先放在盆中，
酵母及糖分放兩邊，水由
酵母處倒入，以筷子攪至
不見水分的粗麵糰，加入
沙拉油，揉成光滑麵糰，
放在盆中，加蓋，發酵10
～20分鐘（夏短冬長）。

取出發酵麵糰，直接擀開成大圓片狀後，收摺成長方狀，再擀開成長條片
狀。將已放涼的「芋絲餡」鋪放在麵片上，再捲成長卷狀，收口壓在下
方。

4

用刀將麵卷切成7～8公分長段，放在防沾紙墊上，排入蒸籠。完成後加蓋再放置10～25分鐘（夏短冬長），二次發酵。

5

將蒸籠移至水鍋上，冷水起蒸至冒出蒸氣，以中火多蒸10分鐘熄火，略放2分鐘，再移籠開蓋取出即成。

阿芳老師的手做筆記

● 蒸熟拌糖的芋絲餡，一定要放置全涼，甜度才會穩定，使芋餡產生鬆軟中帶糯的效果，即使再加熱也不會化濕，蒸出來的饅頭才漂亮。

糯米飯捲

材　料	調　味　料
長糯米1斤、 水2.4量米杯、 蛋2個、 青蔥花4大匙、 蘿蔔乾1杯、 油條1條、 花生糖粉適量	白胡椒粉、 鹽適量

做 法

1 長糯米洗淨不泡,加上水,放入電鍋,以一般煮飯方式煮成糯米飯。

2 油條剪成8～10公分長段,放入烤箱烤酥。

3

蘿蔔乾略泡水後，擰乾水份，入鍋
以少量油炒至蘿蔔乾膨脹，撒上白
胡椒粉盛起。

4

鹽和蔥花先拌勻，再加入蛋打散打
勻後，入鍋煎成蔥花蛋。

5

飯糰巾抹上少許油防沾，取糯米飯，放上蔥蛋、油條、蘿蔔乾，包
捲起來即為「鹹飯糰」。

6

包入花生糖
粉、油條，
即為「甜味
飯糰」。

阿芳老師的手做筆記

● 糯米飯再回蒸，就容易過
軟，1斤米大約可包8個
飯糰，如果家中人口少，
可以一次只煮半斤，米量
減半，水量當然也減半。

紫米飯糰

材料	工具
放涼紫米飯3碗、肉鬆1碗、沙拉醬2大匙	塑膠帶一只、廚房紙巾、膠帶、沙拉油少許

做 法

肉鬆加入沙拉醬拌成濕潤狀，分成5等份，抓成球狀。

取一乾淨塑膠袋，放入兩張廚房紙巾，收口用膠帶黏好，袋口以剪刀剪出一缺口，即為「飯糰巾」。

在飯糰巾上倒一點點沙拉油，將油搓揉開。

4

鋪上半碗多的紫米飯，放上一份肉鬆球，即可拉起飯糰巾收合成飯
糰，再以手隔著飯糰巾整成三角飯糰狀，再以防沾紙或剪開口的塑
膠袋包好。

阿芳老師的手做筆記

● **紫米飯做法如下**

材料：蓬來白米2杯、
　　　台灣黑米（秈米）2～3大匙、
　　　水2.2杯

做法：

・白米加上黑米一起快速淘洗2
　次，倒去洗米水。
・重新加入水，稍加浸泡20分
　後，以電鍋煮熟。
・電鍋跳起，鬆飯均勻再蓋燜
　10分鐘即成。

● 這是消化前一晚冷飯的一種妙法，
飯自然冷卻後不冷藏，仍然保有彈
性，包成飯糰，小孩很喜歡，尤其
食用方式很方便，手拿著吃，趕上學、假日
出遊都很簡便。除了肉鬆餡之外，有鹹口效果的冷菜，
瀝去湯水，也能包進來，冷飯冷菜一起解決。

花捲

材 料

Ⓐ 中筋麵粉2杯、低筋麵粉1杯、
細砂糖3大匙、即溶酵母1小匙、
水1又1/4杯（弱）

Ⓑ 沙拉油1大匙、青蔥花1杯、
鹽1小匙、花椒粉少許（不放亦可）

Ⓒ 手粉適量

做 法

1

材料A的麵粉混合放在盆中，再
將細砂糖及酵母分放兩邊，並從
酵母處倒入水，以筷子攪拌至不
見水份後，取出，放在撒上手粉
的桌面上，揉成結實光滑的糰狀
（不宜過軟），加蓋，放置10
～20分鐘發酵（夏短冬長）。

2

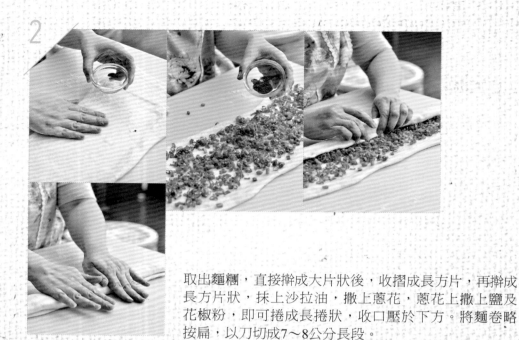

取出麵糰，直接擀成大片狀後，收摺成長方片，再擀成
長方片狀，抹上沙拉油，撒上蔥花，蔥花上撒上鹽及
花椒粉，即可捲成長捲狀，收口壓於下方。將麵卷略
按扁，以刀切成7～8公分長段。

3

將麵卷段翻面，收口線向上，由
下翻上至1/3處，再翻收於下，
即可用筷子壓下成雙向開花狀，
放在防沾紙墊上，排入蒸籠中，
加蓋靜置10～20分鐘，進行三次
發酵（夏短冬長）。

4

將蒸籠移至冷水蒸鍋，蒸至水沸冒出蒸氣，改中
火蒸10分鐘，熄火略燜2分鐘，再移開蒸籠開蓋
取出。

阿芳老師的手做筆記

- 抹在麵片上的油脂，可以讓蒸好的麵食產生層次，但不能抹得過油過濕，
  才不會在蒸製過程中，把麵皮浸濕變成死麵的現象。

- 材料水1又1/4杯（弱）的弱字是指再少一些些。

- 花捲的麵糰因為在成花形的過程中，等於多了一次翻摺，這樣的麵體會二
  發得比饅頭快一些，所以不要放過頭才蒸。

- 散去熱氣的蒸麵糰，一定要用袋子包好，可以冷藏冷凍保存。覆熱時，如
  果是以電鍋加熱，水量約1/8杯水就夠了，但在電鍋跳起時，切記要先打開
  鍋蓋，再加入1/3杯水，再蓋上鍋蓋，即可產生大量水氣，能讓蒸麵糰可以
  保持水氣充足的狀態，不至於乾化。

腐乳花捲

材 料

A 中筋麵粉2杯、低筋麵粉1杯、
細砂糖3大匙、即溶酵母1小匙、
水1又1/4杯（弱）

B 沙拉油4大匙、豆腐乳2塊

C 手粉適量

做 法

材料A的麵粉混合放在盆中，再
將細砂糖及酵母分放兩邊，並從
酵母處倒入水，以筷子攪拌至不
見水份後，取出，放在撒上手粉
的桌面上，揉成結實光滑的糰狀
（不宜過軟），加蓋，放置10
～20分鐘發酵（夏短冬長）。

2 豆腐乳壓碎成泥狀。

取出發酵麵糰，直接擀成大片狀，收摺成長方片狀，再擀開成大長方片狀，先抹上沙拉油，再抹上一層豆腐乳泥，接著摺成約8公分寬的三折片狀麵卷。

以刀切成1公分的條狀,每3～4
條麵條收一戳,轉捲成球花狀,
收口壓於下方,放在防沾紙墊
上,排入蒸籠,加蓋靜置10～20
分鐘二次發酵(夏短冬長)。

將蒸籠移至冷水蒸鍋,蒸至水沸
冒出蒸氣,改中火蒸10分鐘,熄
火,略燜2分鐘,再移開蒸籠開
蓋取出。

阿芳老師的手做筆記

● 如果豆腐乳太濕,可以瀝乾一些,或在壓碎的豆腐乳中加少許麵粉就有吸
　濕的效果。

● 這個像繡球捲法的花捲,也可以放上濃醬類的口味,如芝麻醬、黑芝麻醬
　都可以。

● 這個花捲因為切口多,加上旋扭的拉力,所以二發比饅頭來得快,加上切
　口多,受熱面積變多了,所以蒸時的火力要在比饅頭的中火再小一些。

烙蛋餅皮

◉ 中筋麵粉2杯、玉米粉1/2杯、
太白粉1/2杯、鹽1小匙、
滾水1又1/2杯、冷水約1/4杯、
蔥青花1/2杯、沙拉油適量

做　法

1

將中筋麵粉、玉米粉、太白粉、鹽先
拌勻，沖入滾水，以筷子攪拌成麵疙
瘩粒狀，待熱氣略散，加入蔥青花，
再略添冷水、手抹油抓揉成糰後，放
到桌板上揉至光滑，以袋子包好醒20
分鐘。

2

取出麵糰，揉成長條狀，再分切為15～16等份。

3

平底鍋先燒熱，以紙巾沾油，在鍋底均勻抹開。

4

在桌板、手、麵棍上均抹上薄薄一層油，將小麵糰擀開成大薄圓麵皮。

5

以擀麵棍拉起薄圓麵皮，放入鍋中，鋪平，烙
至麵皮變略透明色，即可翻面再烙一下，同
時擀下一張麵皮，如此烙完全部餅。待熱氣散
後，以袋子包妥，放於冷藏室隨時取用。

阿芳老師的手做筆記

● 做好的蛋餅皮，除了拿來煎蛋餅外，也可以切片
　改以炒麵的方式，就是北方口味的炒餅。

● 這個蛋餅皮也是阿芳消化買蔥切下的蔥尾的一
　種方法，因為製作蛋餅皮一定要用蔥青尾，如
　果放入前段的胖蔥白，在擀時就容易破洞。

● 阿芳添加了澱粉以增加烙好餅皮的彈性，如
　果包好冷藏保存，會因為溫度降低而變硬，
　但只要回鍋一煎，就可以回軟回Q。不喜歡
　添加澱粉的口感，也可以改用本書第94頁
　蔥油餅的燙麵皮來製作。

蛋餅

材　料	調 味 料
蛋餅皮適量、蛋適量、蔥花適量（每一份為蛋餅皮1張、蛋1個、蔥花2大匙）	鹽少許、辣椒醬適量

做 法

1

蔥花先加鹽拌勻，再打入蛋，倒入放有少許油的熱平底鍋中，蓋上烙蛋餅皮。

2

以鏟子拍平蛋液，略煎出蛋香，翻面略煎，即可捲成卷狀，再略煎一下，即可移上菜板。以刀子切段塊，盛起，搭配辣椒醬食用。

鮪魚蛋餅

材　料	調味料
蛋餅皮適量、 蛋適量、 蔥花適量、 罐頭鮪魚1罐 （每一份為蛋餅皮1張、 蛋1個、蔥花2大匙、 罐頭鮪魚3大匙）	鹽適量、 黑胡椒粒適量、 番茄醬適量

做 法

1. 蛋加上蔥花及鹽打散，鮪魚加上黑胡椒粒拌勻。

2. 平底鍋燒熱，倒入少許油，再倒入蔥蛋汁攤平略煎，蓋上蛋餅皮，略拍即可翻面。

3. 鋪上鮪魚，捲成條卷狀，再多拍煎定型，取出切塊盛盤，擠上番茄醬即可。

媳婦包子

舌尖上的家鄉味，代代傳承家之味

那一天，阿芳進攝影棚錄節目，在我之前錄的是資深前輩烹飪老師李梅仙，我習慣稱呼老師梅仙阿姨。阿姨看到我就說我的手巧，我說怎麼這樣誇我呢？

梅仙阿姨說，前一個假日在家看節目時，就看到我在包包子，她說師丈看著電視，便跟她說這包子一定很好吃，她看著電視直說我那雙手巧，這樣捏一捏，包子就出來了。聽到前輩這樣的讚美，讓阿芳有些不好意思，但是說到阿芳家的包子，確實也讓我充滿成就感。

古早味的靈魂要角：台南肉燥

阿芳自小成長在古都台南，而且我家就在台南美食的一級戰區，許多現在大家排隊的老店或名店，幾乎都在我家周邊。但在當時，這些店家並不是以時時有人排隊的聲勢而受矚目，而是以道地的台南味受歡迎，就是台南鄉親日常所吃的台南味，非常平實，卻又那麼多樣及美味。清晨的虱目魚粥、菜粽，早午餐的碗粿或土魠魚羹，中午的香腸熟肉、米糕、肉燥飯配魚丸湯，下午的清蒸肉圓、蚵仔煎，到了深夜的擔仔麵、八寶冰，實在很精彩！

在這裡面，有好幾樣小吃都看得到台南肉燥的影子。沒錯，台南肉燥可以說是台南小吃不可缺的靈魂要角。而阿芳家中的肉包子，至今仍然維持著那種濃

濃的台南肉燥味。

阿芳以1/3的肉量炒出台南肉燥味，再回打入生肉中，打出包子餡的黏稠感，蒸好時保有鮮肉的湯汁，卻有著只用生肉調味攪不出的手工肉燥味。再加上手工揉的包子皮，蒸好後，肉餡的湯汁會沾附在鬆軟彈牙的麵皮上，這真的是只有自己做才能擁有的台南古早味。

婆婆做完媳婦做，美味的串連

在現代家庭中，食物的味道可能會因為不開伙而漸漸遺失，但是也能夠因為自己動手做而代代流傳下去，這種現象在阿芳家就可以真切感受得到。今年阿芳已經升格做了婆婆，雖然兒子並非我所親生，但因為從阿芳開始養育他，他在家的餐食、學校的便當，都是我一手完成的。那天聽到兒子和女兒因為表妹要帶便當，而聊起了他們求學時的便當美味，媽媽我在一旁聽了實在開心，覺得再多的辛勞也都值得了。

現在的媳婦，就如同當年的我，嫁入一個新家庭，開始適應新家庭的生活，開始品嚐新家庭的味道。媳婦嫁入我家的第一個月，一個晚上，阿芳應先生要求，製作久久未吃的台南包子，於是阿芳就邊做邊教，讓媳婦動手學著包包子。

媳婦和我教過的許多學生一樣，手忙腳亂，捏出的包子雖不漂亮，卻也在阿芳的補救下，一個個熱騰騰地出鍋了。先生及兒子對媳婦的處女秀包子讚譽有加。那天帶給媳婦的成就感，以及家人給予的熱情，應該已經無形地把她和這個家給串連了起來。從那天起，媳婦天天下午就會打電話給我，問我何時回家，晚上是否有空。我問說怎麼了，她說想做包子，買好了肉，等我練功。兩次下來，我已經完全不需動手，媳婦便可以照著食譜自行完成，而且口味上絲毫不遜於我。

周圍的朋友連帶的都嚐到了包子的美味，幾次到家中作客，看著媳婦一手完成包子，都很是驚訝。而在品嚐後，直誇說媳婦可以開店賣包子了。

而從那天起，這個包子，在我家，就有了新名字，叫做「媳婦包子」。

包子

材 料

A 中筋麵粉3杯、細砂糖2～3大匙、
即溶酵母粉1小匙、水1又1/4杯、
沙拉油1大匙

B 絞肉12兩、油蔥酥3大匙（或豬油蔥醬）、
醬油3～4大匙、糖1大匙、
鹽1/4小匙、白胡椒粉1/4小匙

C 手粉適量

做 法

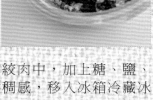

1 將材料B的絞肉取1/3量
放入鍋中炒散，再倒入
醬油炒出香氣，入油蔥
酥炒勻，熄火，放涼。

2 將炒香內餡倒入剩餘的絞肉中，加上糖、鹽、
白胡椒粉，攪拌至有黏稠感，移入冰箱冷藏冰
涼即為「內餡」。

3

將材料A的麵粉放入攪拌盆中，再將細砂糖及酵母分放兩邊，並從酵母處倒入水，啟動攪拌機攪拌至不見水份的粗糰，再加入沙拉油，繼續攪拌至油脂被完全吸收。

4

取出麵糰，放在桌板上，揉成結實光滑的糰狀，加蓋，放置10分鐘發酵。

5

拿起發酵好的麵糰，撒些手粉，從中間抓開一個洞，順著此洞抓捏成圓條圈狀後，拆斷搓長，抓出12個小麵糰。用手將小麵糰整成光滑的圓球形，依序排好，略以塑膠袋稍蓋。

6

將小麵球按扁，擀成外薄中厚的麵片。填入內餡，捏成包子狀，鋪上防沾紙墊排入蒸籠中，再加蓋靜置15～20分鐘二次發酵（夏短冬長）。

7

將蒸籠移至蒸鍋上，冷水開蒸，至冒出蒸氣再多蒸12分鐘，熄火，多燜2分鐘，再移籠開蓋取包。

阿芳老師的手做筆記

● 漂亮的包子，皮要擀成外薄中厚的圓麵片，填餡要略按平，拉起的包子樣形才會有挺立高聳的雀籠狀，捏出摺子的包子魚口，皮才不會太厚，底皮也因中厚，才不會濕底死麵。至於要包得漂亮，別無二法，多練成師傅。

因為愛，更顯手做的珍貴
等待媽媽的蔥油餅

很多人都知道，阿芳做了許多的料理及點心，起心動念都是因為先生及孩子愛吃，而有了研發製作的動力。我想很多喜歡手做的媽媽也是如此，但這個蔥油餅對阿芳的意義卻不同。

在阿芳家的冰箱冷凍庫裡，永遠都會有蔥油餅的存貨，也是阿芳一星期間可能會吃上兩次的早餐食物。由於阿芳基於工作需要，常常會買上整把不切尾的青蔥，於是回家後切下的蔥尾，加上冰箱中的餘蔥，就會製成蔥油餅，一片片疊好，包好冷凍，早上拿出來，不須解凍，就可以煎得香酥可口，是很方便的家庭常備食物。除了阿芳和先生當早餐吃，習慣夜間工作的兒子，每當我們夫妻要睡時，精神正好著呢！冰箱的存糧，就成了孩子們大顯身手的子彈，所以在阿芳家，蔥油餅日夜可是扮演著不同角色。

感恩辛勞的媽媽大廚，
體會煮飯做菜的勞心勞力

可是孩子們可能不知道，阿芳做這樣的蔥油餅，其實是一種想念台南媽媽的情感表達。我的媽媽是一位非常傳統的家庭主婦，嫁給爸爸後，進入大家庭裡扮演長媳的角色，並在爺爺經營的旅館擔負起煮飯的重責。爺爺的旅館結束經營後，爸爸到油廠工作，媽媽就在家做些手工幫襯家計，勤儉刻苦持家。

而當爸爸任職的油廠突然倒閉後，爸爸面臨中年失業，不得不改行開起了餐廳，原先是請了專業的主廚，不料當時台灣到處是六合彩的簽賭潮，敬業態度不佳的主廚，總會意外地來個「吊鼎」的插曲，這時媽媽就得扮演救火隊的角色，煮著煮著，客人卻更喜歡媽媽的口味。

家中餐廳生意興隆，媽媽也就這樣非常辛勞地站在爐邊好多年，那種苦、那種累，媽媽不曾掛在嘴邊抱怨，直到我和家兄完成學業，可以專心幫忙店務，分攤一些媽媽的工作，才能體會那種爐烤熱汗冒的辛勞。也因此，後來遇上都

市更新的馬路拓寬計畫，我們兄妹便堅持結束店業，父母就此退休，讓我們做兒女的各自打拚。

讓愛的蔥油餅一直延續下去

這麼多年來，阿芳因為工作忙碌，從每個月都可以回家探望父母，至工作量大到很難抽出完整假期來多陪伴父母，心中總是有很大的愧疚。但阿芳已經將媽媽傳給我的手藝透過節目，教給了廣大的觀眾，每次和媽媽通電話，她也會跟我說，看到我在電視上教了什麼料理，我可以聽出媽媽對於女兒的表現感到欣慰，而這蔥油餅，就是媽媽覺得很開心的作品。

世居台南的媽媽是不會做任何麵食的，而她的女兒，除了傳承的料理，竟然還將麵食做得有模有樣，也因此媽媽常要我做給她吃吃看。阿芳發現媽媽很喜歡阿芳做的蔥油餅，也曾帶著擀麵棍回台南做給媽媽吃，可惜在台南買到的中筋麵粉品質跟不上台北家中的粉心粉，所以做好的成品阿芳不是那麼滿意。

後來，每年過年回娘家，我都會帶上一整疊冷凍蔥油餅，用保冰袋加上冰磚敷著，帶回娘家，煎給媽媽吃。阿芳更

常常在電話中，鼓吹媽媽到台北阿芳家小住，我會說：「媽，您來，我做蔥油餅給您吃。」雖然只是一個稀鬆平常的食物對話，卻牽引著我和媽媽的情感。阿芳感恩媽媽傳給我那麼多料理的基礎，更把堅毅的精神也用身教傳給我，而媽媽曾經為我們孩子而做的，我就要這樣的為我的孩子而做。

這個媽媽愛的蔥油餅，阿芳也會一直做下去。

蔥油餅

材 料

A　中筋麵粉2又1/2杯、
　　滾水3/4杯、冷水1/2杯

B　中筋麵粉1/2杯、豬油2大匙、
　　沙拉油2大匙、鹽1小匙

C　青蔥尾1把

做 法

1

滾水加冷水調成溫熱水，沖入材料A的麵粉，以筷子攪成不見水分，再放到桌板上揉成光滑麵糰，收入搓了油的塑膠袋中包好，靜置鬆弛半小時。

2

材料C的青蔥尾洗淨，瀝乾且拭乾水分，切成蔥花。

3

將材料B攪勻成「油酥」。

4

取出鬆弛後的麵糰，在撒上手粉的桌板上揉成長條，等切成7～10個小麵糰。

5

桌板清乾淨，抹上少許油，將小麵糰擀成約25公分長的長片狀，先抹上一層「油酥」，再鋪上青蔥花，捲成麵卷。

6

再從右邊捲起大麵卷，左邊捲成小麵卷，小麵卷稍稍壓平成餅托，大麵卷壓上，合成為螺旋麵卷，放在剪開一邊的塑膠袋下，再鬆弛10分鐘。壓平、擀開成約18～20公分直徑的薄餅。

7

8

平底鍋燒熱，以少量油塗抹，改小火，放入蔥油餅胚，烙煎至餅皮變色、邊緣變透明狀，翻面，烙至餅鼓起，再翻面烙至餅膨，略拍餅沿至餅鬆即成。

若不立即入鍋烙煎食用，也可把完成的餅胚排疊好，包妥，入冷凍庫冰凍成冷凍蔥油餅，要食用時不需解凍，直接下鍋煎熟。

阿芳老師的手做筆記

● 做蔥油餅，竅門在於揉麵糰的水溫，一般我們說水溫高則麵軟，冷水則麵容易發硬，問題是水過燙，麵容易糊，做出來的餅在嘴巴裡會黏牙，所以要以60多度的水來製作，煎好的餅外酥內軟，不糊口，放涼也不發硬。

材 料

A 高筋麵粉3杯、二砂糖1大匙、
鹽1小匙、即溶酵母1小匙、
水1又1/4杯、橄欖油1大匙

B 手粉適量、熱水4～5杯、
二砂糖2大匙

做 法

1

材料A的麵粉放入盆中，再放入二砂糖及
鹽，即溶酵母放另一邊，水由酵母處倒
入，以筷子攪成不見水份的粗麵糰，才
加入橄欖油，用手抓揉至油脂被吸收，取
出，放在桌面上，揉約5～10分鐘，加蓋
靜置發酵40分鐘。（或是揉好放入冰箱冷
藏發酵2小時）

2

取出發酵麵糰,分為10～12等份,收整成圓球狀,蓋上抹了油的塑膠袋,靜置15分鐘鬆弛。

3

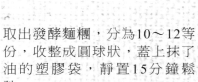

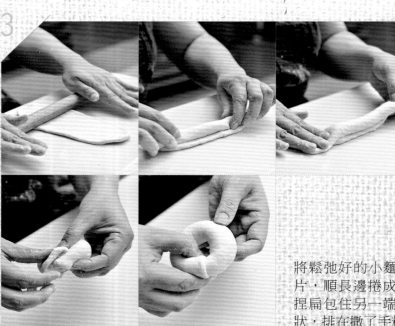

將鬆弛好的小麵球擀成長橢圓片,順長邊捲成細條捲,一端捏扁包住另一端,捏合即成圈狀,排在撒了手粉的盤子上。

4

均勻的噴些水，蓋上抹了油的塑膠袋，二次發酵約20～30分鐘（夏短冬長）。

5

材料B的水和二砂糖放入煮鍋中，燒開成糖水，放入麵圈，兩面共燙30秒，撈出，排放在鋪有防沾紙的烤盤上，再移入已預熱至180℃的烤箱中，烘烤約18分鐘即成。

阿芳老師的手做筆記

● 做貝果有一個燙糖水的動作，讓它外面像是裹上一層QQ的質感，帶有糖衣的效果，目的是防止裡面水分的流失。這個動作把外皮的孔糊化，而貝果覆熱再吃也很好吃，原因即在於此，因為外殼變脆，但裡面的水分沒有流失。

● 製作貝果要注意，不要發酵太久，大家以為它是麵包，但它的發酵時間其實比較像饅頭。

麥香紅豆包

材 料

中筋麵粉2杯、
全麥麵粉1杯、
黑糖3大匙、
即溶乾酵母1小匙、
水約1又1/4杯、
蜜紅豆1杯、
玉米粉1小匙、
手粉適量

做 法

蜜紅豆與玉米粉先拌勻，放入電鍋，外鍋加水半杯，蒸煮至電鍋跳起，取出，待涼，等分成20份，一一搓圓。

2

中筋麵粉、全麥麵粉先放入盆中，黑糖、即溶酵母分開放在兩邊，水由酵母處倒入，以筷子攪拌至水份完全被麵粉吸收，再以手將麵粉揉成光滑麵糰，取出，揉整成圓糰後，放回盆中，加蓋，靜置10～20分鐘發酵（夏短冬長）。

3

取出麵糰，拍上手粉，從麵糰中央戳挖一個洞，慢慢抓捏成一個大圓圈，再拉開成一長條，在桌板上揉成均勻的寬厚度。

4

切成20份小劑子，每一份以手由底部往內整圓麵糰，依序排好加蓋，再擀成圓麵皮。

5

將蜜紅豆餡包入圓麵皮中，收口捏合整型。

6

7

將包好的紅豆包放於防沾紙上，排入蒸籠中，做好所有包胚後，蓋上蒸籠蓋，再放置10～20分鐘二次發酵（夏短冬長）。

將蒸籠移至裝有冷水的蒸鍋上，以中火蒸至出氣，再多蒸6分鐘，熄火，略燜2分鐘即可開籠取包。

阿芳老師的手做筆記

● 全麥麵粉含有麥粒的麩皮，容易酸化變質，一次不要採買過多，沒有用完也建議要放在冰箱冷藏保存。

麥香漢堡麵包
培根番茄起司堡

材料

A 高筋麵粉2又1/2杯、
全麥麵粉1/2杯、黑糖2大匙、
即溶酵母粉1小匙、鹽1小匙

B 水1又1/4杯、橄欖油2大匙

C 手粉適量、黑糖1小匙、
水2大匙、生白芝麻4大匙

D 培根、番茄、起司片隨意

做法

材料A全部放入麵包機的攪拌桶中，再將
材料B的水由酵母處加入，選擇「攪拌＋發
酵」功能啟動機器，待麵粉攪拌成粗糰，加
入橄欖油繼續攪打至完成，至少約需1.5小
時。（若無麵包機，則以手揉成糰，待可拉
出薄筋狀，即可加蓋發酵1小時。）

材料C的黑糖加水調成
稀糖水，生白芝麻倒
在淺平的容器中。

3

取出麵包機內已發酵完成的麵糰（用手指戳試會立即形成凹洞且有拉絲狀），拍上適量手粉，分割成10～12等份，收整成光滑圓球，依次排放，蓋上抹油塑膠袋。

4

依次把麵胚拿起，沾上黑糖水，再沾芝麻，反向排在烤盤上，麵胚之間要預留脹大的空間。

5

以手將麵胚稍稍按扁，噴水後移至烤箱中（或溫暖處）進行二次發酵50分鐘，取出發酵好已脹大的麵胚。

6

取出烤箱中的麵胚，將烤箱預熱至180℃，再放入麵胚，烘烤約18分鐘即成「麥香漢堡麵包」。

7

將材料D的培根切為兩段，放入平底鍋，不放油，煎熟。番茄切片。漢堡麵包橫剖一刀烤熱，即可夾成「培根番茄起司漢堡」。

阿芳老師的手做筆記

● 麵包的二次發酵一定要發到感覺麵胚輕身的質感，才不會在烤熟回涼後變硬，這樣的麵包體在夾料時柔軟度才足夠。

● 阿芳煎培根時，會把兩三天的培根量一次煎好，收入保鮮盒冷藏保存，早晨要烤漢堡麵包時，就把麵包剖開，一邊放培根，一邊放起司片，一起烤熱，出爐後在中間夾上一層番茄即可。這樣做早餐的時間就大大減少了。

走鐘的油炸鬼
不安心，美味也無用

油條，應該是中國很古老傳統的一種早餐食物，在北方叫做油條或油粿，閩南話稱為油炸鬼，則是來自潮汕一代的口音。

這個食物的典故，相傳是在南宋時期，秦檜殺害了岳飛，百姓們感到忿忿不平，氣憤難消卻無處宣洩，於是賣早點的店老闆便將麵皮捏成了秦檜和他妻子的樣型，兩片對貼，扭在一起下鍋油炸，叫做油炸檜，演變至今，成了我們所稱的油炸鬼。

消費喜好改變食物口味

雖然以現代的健康觀點來看，油條真的是一個不及格的食物，但是油條出鍋時的那種油香、鹹酥、鬆脆勁韌，再搭配一杯熱豆漿，說實在的，這樣的美妙滋味早就把那些猶疑和考量給打敗了，就連阿芳也不例外。

阿芳很喜歡吃油條，除了當早餐吃，台南人也常將油條剪段加入湯品中，或者剪成小段淋上肉燥，成為美味小菜肉燥油條。只是這些年來，阿芳在台灣各地吃到的油條，往往是讓人失望的，因為油條熱騰騰時雖然香酥，卻不見酥中帶軟，而是變得硬口，尤其冷卻後，照說油條這種炸物會隨著離鍋的時間愈長而軟化，但現在買到的油條，卻在放涼後還能維持硬挺的狀態，毫不疲軟，一吃堅硬無味，真的和傳統的油條口感大不同。

研究之後，阿芳體認到，因為國人偏愛香酥不疲軟的油條，因此許多店家就會在油條裡偷偷添加了硼砂，所以油條神奇的在放涼後還能如此硬挺。但原來油條那美味可口的特質，也跟著消失不見了！

炸出好吃又安心的油條

阿芳的腦海裡，總會想起金門老街上廣東粥舖的油條或台南海安路上的油條老舖，那瘦瘦小小卻是很真實的油條味，吃起來令人吮指回味。此外，很多

人以為，對岸的食物讓人很不安心，可是中國對於含鋁的膨大劑早就明文規定不可使用，所以油條早已發展為無礬油條，因此每每阿芳到中國旅遊時，總會找個乾淨一些的油條炸舖，吃上一條過過癮。

然而，油條炸舖畢竟是一炸一早上，最令人擔心的就是長時間熱炸所造成的問題，所以阿芳為了解饞，便試著自己在家練習製作炸油條。

阿芳除了使用家中一般的麵粉，並未特別再買油條專用的特高筋麵粉，所以便藉由一顆蛋，增加麵糰的蛋白質，而且蛋經炸之後可以有很好的鬆發作用，就可以改掉傳統油條麵糰使用明礬的做法，阿摩尼亞氨粉改用無鋁泡打粉小蘇打粉，一樣可以炸出好吃又安心的油條。

傳統食物遇上現代應用，一樣合嘴又美味

當然，在試驗及練習的過程中，生產了無數的油條，雖不滿意，但也不致於難吃。意外

的是，阿芳的大嫂家有位金門媳婦，她吃了阿芳做的油條後說：「這才是真正的油條，現在好難吃到這樣的油條了，醜醜的，卻香酥軟韌，放涼了好像消氣的水管，但只要烤熱就會回酥。」於是便要嬤嬤我，把多的油條全幫他們留下了。我很好奇他們是如何把我炸的油條給消化掉，一問才知，原來全拿去下麻辣火鍋了！

老東西遇上新口味，擦出了美食火花。可惜現在老東西已經難尋，嘴饞時，還是手做玩一玩，麵糰一拉，入油即見的脹大效果，可是會讓人充滿成就感，當然最重要的是，每一條都能稱為安心油條。

安心油條

A 高筋麵粉2又1/2杯、
低筋麵粉1/2杯、
無鋁泡打粉1小匙、
蛋1個

B 小蘇打粉1/4小匙、
鹽1小匙、水1杯、
沙拉油1大匙

做 法

1

材料B的小蘇打粉、鹽
和水先調勻。

將材料A放入盆中，倒入小蘇打
水，以筷子攪勻成不見水的粗糰
狀，再倒入沙拉油，用手揉至不
見油脂，倒在抹了油的桌板上，
揉至麵糰光滑，放回盆中，加蓋
放置20分鐘發酵。

2

3

打開蓋子，一手握拳，拳頭沾少許水，搥打盆中麵糰，邊搥邊將底部的麵糰往上翻，麵糰裡裡外外都搥打均勻後，再加蓋放置15分鐘發酵。

4

做法3重複做3次，至麵糰可拉出又薄又透且不斷的麵片，即可取出麵糰，稍稍整平，收入抹了油的塑膠袋中，封好，外面多加一層塑膠袋，即可移入冰箱冷藏3小時。

5

桌板撒上手粉，將發酵麵糰由塑膠袋中取出，邊取邊拉長，約拉取一半的麵糰，先切斷。

6

將桌板上的麵糰直接擀成寬10公分左右的長麵片，略放5分鐘鬆弛。利用鬆弛時間整另外一半的發酵麵糰。

7

將鬆弛好的長麵片從中橫切一刀成5公分寬的麵條片，再每3公分切一段。另一份麵條片也依此法切好，放置10分鐘鬆弛。

8
取乾淨的深湯鍋，放入不鏽鋼蒸架。油鍋先燒熱，再倒入炸油，加熱至180℃後改中小火。

9
上下兩段麵片對貼，以筷子按壓固定，拿起麵片，自兩邊拉長後輕放入油鍋。

10
入鍋後的油條需快速翻轉，才會兩頭轉正，翻炸成型。

11
起鍋前，要將油條按入油中多炸4、5秒，才可夾起離鍋，立在湯鍋瀝乾油，油條才會酥。

阿芳老師的手做筆記

● 油條要比較膨脹，需要筋性比較高的麵粉，但一般家庭頂多只用到高筋麵粉，不會用到專業的特高筋麵粉，所以我會添加蛋，增加蛋白質含量，蛋也有膨發效果，同時為了避免油條產生皮實的質感，所以添加少低筋麵粉。同時也配合家裡鍋子大小，麵胚切的短小一些，調整油條長度，可以節省用油量。

媽媽的點心房

　　儘管甜食常常讓人邊吃邊覺得罪惡感，不過媽媽自己做，幸福感就是不一樣。阿芳自己不是很愛吃甜食，製作甜食的動力，主要來自孩子的喜愛，或者為了回味旅途中的某個美好記憶。

　　好比說法式的芋泥千層派，是阿芳女兒非常愛吃的一道點心。為她試做了好幾次，等她比較大了之後，阿芳問她要不要自己做看看，她愛吃也興沖沖的，於是母女倆一起手做，充滿樂趣，後來還成為她上電視的處女作。

　　每一種點心，都有它不同的風貌，也許傳統，也許西式洋風，但回歸家庭，都應該有簡樸自然的本質，而不是一味刁鑽、求精、改造而失去了點心輔食的意義。

　　媽媽為家人而做的點心，一口點心，一口手藝，一口感動，也是一口媽媽的愛。美好的食物，總能為一家人留下共同的記憶。

阿芳的點心回憶

台式、日式、夜市，都是好滋味

　　點心大概是最多人想要自己動手做的食物，小巧簡單，創意無限，所以這幾年的網購美食商機，有許多都是年輕人自己研發可愛的小點心，很快就能擄獲少男少女的心。

　　而對我們這些媽媽輩的人，做點心很大程度上是重溫兒時的味蕾滿足，以及覺得外面買太貴、太遠或不衛生，所以自己下海操作。

學子的救生圈，校門口的麵糊香

　　甜甜圈是阿芳對於小時候校門口的甜美回憶。儘管現在市面上以美式或日式的甜甜圈為大宗，甚至有的大舉進攻台灣市場後又退出，但我覺得它們在口感上永遠沒有像熱炸及沾裹糖粉的那種傳統好滋味來得具吸引力。甜甜圈其實是學做發酵麵體最容易的方法，再加上如果用平底鍋來炸，不需要很多油，而且甜甜圈是發麵體，不吸油，不如一般以為的油膩。

　　即便不用杯模做，也可以用大小杯蓋塑型或綁辮子，整型過程充滿自己動手做的成就感。我個人偏好綁成麻花辮的甜甜圈，畢竟條狀的食物吃起來比較方便，而且編做起來樂趣也比較高。如果是圓形甜甜圈，中間多出來的小麵糰也可以拿去炸，變成小麵球。整個來看，甜甜圈可以說是用材簡單，但歡樂價值很高的點心。

　　最後，甜甜圈沾糖粉有個訣竅，就是要趁剛起鍋，麵糰本身還帶有一點油漬時，就去沾糖粉，這樣才沾得上去，冷了就比較困難。

歐式煎餅，屬於聖誕的甜蜜

　　有陣子在夜市很流行一種甜點叫格子Q，它的原型是比利時鬆餅，後來連超商都在賣。阿芳第一次吃，是在二十年前到歐洲旅遊時，當時已是11月底，到處都是聖誕節的氣氛，下雪的廣場上傳來讓人無法抗拒的香味，這香氣和口感就記住了；幾年後，在日本的地鐵站也聞到了一樣的香味，一嚐就是當年的味道。

前幾年，公司的年輕派女孩，問我吃過排隊美食格子Q嗎？說實在，還真沒吃過，後來剛好藉由夜市評鑑的機會，品嚐了這種格子餅，只不過吃起來少了當年天寒地凍的感動，但是年輕派既然點了菜單，阿芳研究一番，使用家中很容易操作的鬆餅機來製作，剛做好，我家老爺子一聞就說是這種香甜味，剛烤好回涼的那個時候，外脆內Q的糖衣最是好吃。

大家較熟悉的美式鬆餅是靠小蘇打或乳化劑，讓它可以很鬆很膨，但吃起來常常帶有發粉味。而比利時鬆餅則靠傳統的發酵手法。發酵的麵糊烤熟後，相較於用膨大劑製作的麵皮，比較偏軟麵包的口感，也少了膨大劑的味道。最重要是烤好時形成的那一層帶脆的糖衣。真正的比利時鬆餅是用一種專門的珍珠糖，但在家做就用家裡的白糖，加上刷在鬆餅機的奶油，鬆餅烤好時自然就會有一層糖衣。而且以鬆餅機製作，可以有很高的親子樂趣。

排隊吃不到，阿芳做給你吃

阿芳之所以會有研發日式鬆餅的念頭，是因為我的工作team裡面有一群年輕派女孩，她們對於市場的流行敏銳度很高，也常會藉機來我家吃飯，且常常亂點鴛鴦譜，並告訴我現在年輕人流行什麼，有一次就要我做壽喜燒配日式鬆餅給她們吃，有了這群現在稱為吃貨的年輕人，也讓我製作點心的風格與年輕接軌。

喜歡到日本旅遊的阿芳，很喜歡在旅行中的午後到咖啡店喝杯咖啡，而其現煎的鬆餅，往往會成為咖啡店門口的招牌，而且以厚度取勝。我聽那群女孩說，現在台北也有咖啡廳以賣厚厚的日式鬆餅聞名，排隊人潮絡繹不絕。於是我自己揣摩研發，心想到底要怎樣才能讓鬆餅變厚。一般正常鬆餅雖有膨鬆的厚度，但成品會比較像銅鑼燒的皮，邊薄中間厚，要固型和厚邊很難，除非放很重的乳化劑才有可能邊厚，但往往變得又乾又硬並不好吃。

我試了很多做法，才以一半發酵、一半藉由蛋白打發的方式，做出來的鬆餅帶有一點點蛋糕的鬆綿。另外再買煎蛋的模圈來作模具。如果媽媽在家也能偶爾來場下午茶，這樣專業的鬆餅做好，以冰淇淋或水果裝飾美觀，對小孩的吸引力超級高，家裡也有咖啡廳的感覺。

甜甜圈

材料

Ⓐ 中筋麵粉3杯、蛋1個、
　 細砂糖2大匙、
　 即溶酵母粉1小匙

Ⓑ 水1杯（弱）、奶油1大匙

Ⓒ 手粉適量、細砂糖1杯、
　 肉桂粉少許

做 法

1

材料A的麵粉、蛋先放入盆中，再分別放入細砂糖、即溶酵母粉。

2

將材料B的水自酵母處倒入，以筷子攪拌至不見水分，加入奶油，用手揉成糰至
不沾手，倒在桌板上，繼續揉至麵糰變光滑，放入抹油的袋中，發酵30～40分
鐘。（或前一晚放入冰箱冷藏發酵亦可。）

3

托盤、桌板撒上手粉。取出發酵麵糰，在桌板上壓平，擀成厚約1.5公分的長形麵片。

4

用刀子將麵片切成5公分×10公分的長方片，每片長方片再切出兩個刀口，交叉編成辮子狀，收口捏合反壓下方。

5

將做好的麵胚排入托盤中，蓋上抹了油塑膠袋，靜置20分鐘進行二次發酵，至麵胚脹發。

6

油鍋燒熱至溫油，改中火，將麵胚一一入鍋翻炸至兩面呈均勻的金黃色。

7

夾出炸好的甜甜圈，立即沾裹上材料C的細砂糖及肉桂粉即成。

阿芳老師的手做筆記

● 炸第二鍋時要先熄火讓油溫降低，才不會炸出外皮過黑、內部不熟的情況。

糖衣格子餅

材料

A 中筋麵粉1又1/2杯、
低筋麵粉1又1/2杯、
即溶酵母1小匙、白砂糖3大匙、
鹽1/2小匙、奶粉3大匙、
蛋2個

B 水1杯（強）、融化奶油3大匙

C 奶油1大匙、白砂糖3大匙

做 法

1

材料A放入盆中，材料B的水自酵母處倒入，
先用攪拌器攪勻，再加入融化奶油拌勻成濃
稠麵糊，加蓋，靜置40～90分鐘（夏短冬
長），使其發酵脹發起泡。

鬆餅機先預熱，打開格板，在格板上塗抹一層奶油，再撒上白砂糖。

以冰淇淋杓舀起麵糊，倒扣在格板上，再撒上一層白砂糖後，將鬆餅機上下蓋起，烤至指示燈熄滅，再多燜30秒。

打開鬆餅機，以長竹籤取出格子餅，放在網架上，待降溫後，表面糖衣即可變脆。

阿芳老師的手做筆記

● 剛出爐的格子餅，因為有糖衣，所以很燙，拿取時要特別小心，一定要等到降溫了，糖衣格子餅才能放入塑膠袋中包裝收藏，否則帶有溫度的格子餅會因為被燜住，餅中的水蒸氣無法散出而變軟，失去口感。

● 沒吃完的格子餅可以用烤箱回烤，只是放到隔日，糖衣會被麵包體吸掉了，少了脆殼的口感。

日式
厚片鬆餅

材 料

A 低筋麵粉1又1/2杯、玉米粉1/4杯、
細砂糖1大匙、奶粉4大匙、
即溶酵母1小匙、鹽1/4小匙

B 水1杯

C 蛋2個、融化奶油2大匙、細砂糖
2大匙、小蘇打粉1/4小匙

D 奶油、軟質水果、蜂蜜隨個人喜好
（另備：煎蛋圈、一小碗油、
一小碗麵粉）

做 法

1

材料A放入盆中，將材料B的水由酵母處
倒入，攪勻後加蓋靜置40分鐘成為發酵麵
糊。

2

材料C的蛋先分出蛋白、蛋黃。蛋白先放入容器中攪打至起泡,再加入細砂糖續打至硬性發泡。

3

將蛋黃、融化奶油、小蘇打粉加入發酵麵糊中,拌勻。

4

先取一半的打發蛋白加入麵糊中,輕輕拌勻。

5

再將拌勻的麵糊倒入另一半的打發蛋中輕拌均勻,即成「鬆餅糊」。

6

平底鍋燒熱，抹上一層奶油，將煎蛋圈放入裝有沙拉油的小碗中沾油，再移到裝有麵粉的小碗中沾粉，放到平底鍋中。

7

將鬆餅糊倒進煎蛋圈至6分高，以小文火煎至表面出現氣泡孔，拿掉煎蛋圈，翻面，續煎至熟，起鍋，盛入盤中。

8

奶油、水果分別切丁。排於鬆餅上，淋上蜂蜜（或焦香糖漿）即可。

阿芳老師的手做筆記

● 發酵好的餅糊，如果一次煎不了那麼多，可以只取一半麵糊，先打一個蛋白即可，剩餘餅糊冷藏1～2天盡快用完。要是沒有蛋圈，也可以將餅漿倒在不沾平鍋中，加蓋煎成一整鍋一片，出鍋再切小片。

鯛魚燒

材 料

A 蜜紅豆2杯、水1杯、
玉米粉2大匙

B 低筋麵粉3/4杯、中筋麵粉1/4杯、
無鋁泡打粉2小匙、鹽1/4小匙、
細砂糖3大匙

C 蛋1個、鮮奶3/4杯、
奶油2大匙、沙拉油1大匙

做 法

1

材料A的水先取半杯倒
入鍋中，煮至沸騰後，
放入蜜紅豆，攪開。

2

玉米粉與剩下的半
杯水調開後，倒入
煮蜜紅豆的鍋中，
用筷子邊攪邊煮至
紅豆餡變濃稠，且
沸騰呈現如岩漿冒
泡狀，熄火，倒入
保鮮盒內，待冷卻
定型。

3

材料B先放入盆中，攪勻。材料C的蛋與
鮮奶先拌勻，加入攪勻的粉料，攪拌均勻
成糊狀。奶油加熱融化，倒入麵糊中拌
勻。

4

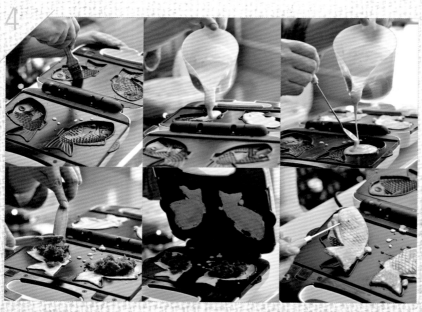

鯛魚機先溫機，在機模上刷上沙拉油，先在蓋邊的機模上倒入麵
糊，煎出一邊的魚殼，再將麵糊倒在另一面主機模上，抹開。填入
紅豆餡，將機器蓋合煎約3分鐘即可。

阿芳老師的手做筆記

● 這兩年傳統的鬆餅機已經由方格餅模進化成可換不同
造型的模片，只要是有雙合效果的型版，都可以來製
作，做出的效果就像是車輪餅，並不是一定要是鯛魚
燒模型。

材 料

紅豆1斤、
水5又1/2杯、
二砂糖12兩、
鹽1小匙

蜜紅豆做法

做 法

1

紅豆不洗不泡，放入小鍋中，添
水淹過豆子，開火煮至沸騰，倒
去浮在水面的壞豆，重新洗淨。

2　重新加水6杯，以快
鍋加熱至沸騰後，
續煮15分鐘，熄
火。（也可使用電
鍋加外鍋水1杯半，
重複煮2次。）

3　確認豆子完全綿細，方可加入二砂
糖及鹽，以筷子攪拌均勻，倒入保
鮮盒中，放至全涼方為蜜紅豆。

芋泥千層派

材 料

A　芋頭1個（約1斤）、
細砂糖1/2杯、鹽1/2小匙、
奶水3/4杯、冷開水適量、
沙拉油3大匙

B　低筋麵粉1杯、蛋2個、
細砂糖3大匙、融化奶油2大匙、
奶水1又1/4杯、鹽1/4小匙

做 法

材料A的芋頭切大塊，入鍋蒸熟，取
出，趁熱壓成泥，加入細砂糖、鹽、
奶水、沙拉油，拌勻成稀滑芋泥，放
涼。

2

材料B調勻成麵糊,放置30
～40分鐘,待麵糊變得更為勻
細(或是用細篩網將麵糊過
濾)。

3

拿一支直徑24～26公分的平底鍋,加熱,
舀大杓麵糊入鍋,轉動鍋子使麵糊轉成均
勻的圓薄餅。兩面煎香煎熟後,起鍋,先
放於平盤中,一一將薄餅煎好、層層疊放
在一起。

4

留一些麵糊在塑膠袋中,抓綁
如擠花袋,在袋底剪個小洞,
讓麵糊流入平底鍋中,一邊快
速移動劃出交叉格紋,煎熟、
煎香後,起鍋。

5

取一大平盤，鋪上防沾紙後，放上一張薄餅，抹上一層芋泥，蓋上
一張薄餅，再抹芋泥，如此疊抹完所有的芋泥和餅皮。

6

最後放上格子餅皮，待冷卻後蓋上保鮮膜，放入冰箱冷藏定型。食
用時取出切塊即可。

阿芳老師的手做筆記

● 也可以在麵糊調勻後，先用細篩網將粉糊過篩，再靜置30～40分鐘。

● 煎好的餅皮可用兩個盤子分開放，比較容易散熱。

● 芋泥在抹成派後，經過冷藏，會變得比較固態，如果調的不夠稀軟，除了不
好抹開，冰涼後也不夠柔軟。

酒橙薄餅

材 料

A 低筋麵粉3/4杯、
細砂糖3大匙、蛋2個、
融化奶油2大匙、
鹽1/4小匙、牛奶1杯

B 柳丁4顆、奶油2大匙、
細砂糖2大匙、
洋酒（威士忌酒）2大匙

做 法

1

2

先將材料B的3顆柳丁壓汁，取3/4
杯。另1個柳丁先磨出1大匙的柳
丁皮末，再切皮取柳丁肉。

材料A的麵粉加細砂糖、鹽拌勻。牛奶加熱至
40℃，倒入粉料中，調成糊，再加入融化奶
油，拌勻，放置30～40分鐘，使麵糊變得更為
勻細（或是用細篩網將麵糊過濾）。

3

拿一支直徑24～26公分的平底鍋，加熱，舀大杓麵糊入鍋，轉動鍋子使麵糊轉成均勻的圓薄餅。兩面煎香煎熟後，折成1/4圓狀，起鍋，疊放在平盤中，並以紙巾包覆保濕。

4

另鍋，放入材料B的奶油和細砂糖，以小火加熱至糖融化，放入餅皮，淋上柳丁汁煮滾後，再淋上洋酒，點火，待火熄滅後，即可享用。

阿芳老師的手做筆記

● 喜歡餅皮口感更Q一點的朋友，只要多加入1～2大匙高筋麵粉即可。

● 此道甜點完成後應立即品嚐，如果一次吃不完，只要把煎好的餅像折手帕一樣折好包好放冷藏，想吃時拿出來用橙酒汁加熱煮一煮就回軟了。

不沾鍋麻糬

材 料

A 糯米粉1又1/2杯、
玉米粉2大匙、水1杯

B 花生粉3大匙、細砂糖3大匙、
炒香白芝麻2大匙
（另備沙拉油1小匙、耐熱塑膠袋1只）

做 法

材料A調成粉漿，倒入不沾鍋中。

開火，以木筷子不斷攪動，至粉漿熟化成糰，並以木筷子不斷劃開麻糬，以小火翻炒至飄出熟飯的香氣，就代表麻糬裡外全部熟透，熄火。
（也可將粉漿倒入平盤中，入鍋蒸熟。）

3

取塑膠袋，倒入沙拉油，略搓勻。放入麻糬，雙手戴上隔熱手套，
將袋中的麻糬揉勻、揉軟，即可包好放涼。

4

材料B的白芝麻放入容器中，用擀麵棍將白芝麻敲碾碎，再加入花生粉和細砂糖拌勻。放入麻糬，以筷子劃切小塊，均勻沾裹即可享用。

阿芳老師的手做筆記

● 製作麻糬時，當天做當天吃的口感是最好的，如果真的沒有吃完，要先放在袋子裡封好，再置於常溫下陰涼的地方，可以放上1～2天，當然也可以再蒸熱回軟。

● 麻糬是一種米製品，做好之後一定要包在袋子裡，要吃再拿出來，不然會乾化，市面上有些麻糬放很多天都不會變硬，可能是加入一些改良式澱粉。

● 還有一種變化吃法：用筷子把一團麻糬分成小塊，貼在鍋子每個角落煎，以小火慢煎，麻糬表面會形成微微的金黃色，然後鼓成一個小球，就變成時下流行的日式烤麻糬！

杏仁大瓦片

材 料

無鹽奶油1條（約110克）、
細砂糖1杯、全蛋2個、
蛋白5個、低筋麵粉1杯、
鹽1/2小匙、杏仁片200克、
南瓜子仁200克、瓜子仁200克、
香草精1/4小匙

做 法

1

全蛋、蛋白和細砂糖先攪勻，加入切成小塊的無鹽奶油，以隔水加熱的方式，攪至奶油融化，將奶油蛋汁取離爐台。

2

將低筋麵粉及鹽一同過篩加入，攪拌均勻後，將餅漿再用細篩網過篩一次。

3

加入杏仁片、南瓜子仁、瓜子仁拌勻,再加入香草精拌勻後,靜置10分鐘。

4

烤盤上先鋪上防沾紙,舀入一杓餅漿,用叉子抹平抹薄。放入已預熱至160℃的烤箱中。

5

烤約15～18分鐘至顏色變金黃且略具焦色即可取出,倒扣在砧板上,撕除防沾紙,立刻切片享用。

阿芳老師的手做筆記

● 烘烤餅乾時,只要大部分的餅乾變成香酥的焦色,就可以取出,以免等到全部餅乾皆上色,可能會有部分過焦。取出餅乾切片後,過濾出火候較不足的片塊,等到全部餅漿都烤完後,再將這些火候尚差的餅乾排在烤盤上,重新回到烤箱中烘烤,這樣就不會顧此失彼了。

● 買烤箱時,一般會配上一個烤架和一個烤盤,建議要添購一個尺寸相同的烤盤, 這樣才能將多量的點心一盤入烤,再製作下一盤,烤箱的產能及時間效益才好。

● 餅乾略帶微溫時,即可包裝或裝罐保存。若是杏仁瓦片受潮變軟,可放入熄火的熱烤箱中重新回熱,即可恢復原本的酥脆口感。

暖心的滋味

美好的食物，總能為一家人留下共同的記憶

　　為什麼叫杏仁大瓦片呢？這是阿芳把市面上所賣的杏仁瓦片及日式喜餅中的堅果酥，一起做了改良的版本，加入更多樣的堅果，最重要的是，將杏仁瓦片那小小的圓片，改成整盤抹了餅漿，取出再做切片，比起在烤盤上抹出一個個小圓片，這麼做除了將烤盤完全利用外，也減少餅的邊角的過火，還能按照自己的喜好切出大小。

　　還記得阿芳的兒子到成功嶺服役的那一年，懇親會時阿芳就帶了一大桶的杏仁瓦片，除了讓兒子可以吃到媽媽親手做的點心，考量到方便與人分享，於是將瓦片切得特別大，而當年DIY風氣尚未興盛，同僑們都對兒子抱以羨慕的眼光。自此後，杏仁瓦片在我家就改了名字，叫杏仁大瓦片。

兒子的美味記憶，讓媽媽備感暖心

　　拍攝食譜那天，做到這個杏仁大瓦片，阿芳拍攝完分解動作後，就由充當幫手的媳婦接手，將整桶餅漿接過去繼續完成，這時在一旁把玩手機的兒子，突然說起了這一段故事，讓我十分驚訝，兒子還能具體說出當年裝餅的那個大桶子，就是現在我家用來裝貓飼料的密封箱，當下我的心真的是好暖好暖！

　　而這也是媳婦第一次看到阿芳製作這個點心，她拿著叉子抹著餅漿，開心地說：「原來這麼簡單，而且比起市售產品，光是果仁的顏色變化就豐富許多，且外面賣的好貴！」製作完成後一吃，她說這個餅除了是杏仁瓦片，更像日本喜餅的堅果脆片。在拍攝完食譜的隔日，媳婦就迷上了這個點心，三天後，竟然把阿芳冰箱中的堅果存貨給全做完了。

　　輕鬆製作，美味度高，CP質高，就是杏仁大瓦片讓人喜歡的原因。

哈爾濱
千層大餅

材 料

Ⓐ 中筋麵粉3杯、二砂糖2大匙、
即溶酵母1小匙、水1又1/4杯、
沙拉油1大匙

Ⓑ 沙拉油2大匙、香油2大匙、
中筋麵粉1大匙、花椒粉1/2小匙、
鹽1小匙

Ⓒ 青蔥花1又1/2杯、水少許、
生白芝麻1/2杯、香油適量

做 法

材料A的麵粉放在盆中，再將二砂糖及酵
母分放兩邊，並從酵母處倒入水，以筷子
攪拌至不見水分後，加入沙拉油，用手揉
成糰，取出，放在撒上手粉的桌面上，揉
成結實光滑的糰狀，放回盆中，放置30分
鐘發酵。（或包入抹了油的塑膠袋中，放
入冰箱，冷藏發酵2小時以上。）

材料 B 放入容器
中，攪拌成「稀
油酥」。

取出發酵麵糰，先切取一半，擀成大方片狀，抹上一
層稀油酥，撒上材料C的青蔥花。

將麵皮上下往內折成一個三層長條狀，先以手按開，在表面上再抹上稀油酥，
撒上青蔥花。

再將麵皮左右兩邊向內折成方塊狀，
加蓋，靜置5分鐘鬆弛一下。

6

在麵皮一面抹上少許水，沾上生白芝麻，將芝麻面向下，
擀開成大圓片狀（直徑約30公分、厚約1.5～2公分）。

7

平底鍋燒熱，抹上少許油，放入餅胚（芝麻面要朝下），加蓋，以小火煎約2分
鐘，開蓋，翻面後從鍋沿倒入半杯水，加蓋，繼續加熱3分鐘。

8

開蓋，淋入少許香油，搖鍋煎酥，餅面
刷一層香油，翻面向下，再煎至兩面都
金黃香酥，出鍋切成小塊即可。

阿芳老師的手做筆記

● 剩下的另一半麵糰若不
立刻接著製作，可以先
放入抹油塑膠袋中，放
入冰箱冷藏，冷藏期限
1～2天，待要做再取出
製作，只是放愈久的麵
皮會顯得癱軟，可以加
一些新麵粉揉勻，稍放
5分鐘就可以製作了。

期待布丁的童年
傳統經典味，
百變新風貌

這幾年來各式美食甜點真的就像雨後春筍般，不斷冒出台灣市場，飲食風潮總是一波波，一下子流行甜甜圈，一下子又流行鬆餅。然而，不管是在一般麵包店，或是飯店餐廳提供的飯後點心，亦或是因網路人氣而大紅的店家，都能見到所謂的手工布丁，只不過現在我們吃到的布丁，多半因為追求口感，而把材料中的奶水改成了鮮奶油，雖然口感變得更濃密了，但鮮奶油較高的油脂，卻讓烤好的布丁少了一份滑軟柔細，成為一種綿密的質感。

當然，食譜料理沒有對與錯，只是阿芳怎麼吃，都覺得那不是阿芳兒時記憶中的手工布丁味。

為孩子創造幸福的滋味

相信和我差不多年紀，同樣也在台南成長的朋友們，都知道台南的冰果室裡，擺著一種香甜的美味：就放在冰櫃內，貼著玻璃邊，排著一杯杯層層疊高、倒放的布丁杯。

其實菜市場賣甜品的攤子，也能買得到這樣的布丁，而最有名的就是銀波布丁。

記得小時候，每當媽媽去買菜時，阿芳最期待的就是媽媽會順道買個這樣的布丁回家。或者是考試成績好，爸爸媽媽為了獎勵，帶我們去冰果室點上一盤剉冰，再外加一個焦糖布丁——看著冰果室的老闆以俐落的手腳，拿起一個布丁，從邊邊劃下一個氣口，把布丁從杯中倒扣而出，蓋在剉冰上，那種感覺和滋味，就叫幸福。

阿芳的孩子也極愛這種點心，他們小時候我就常常做布丁給他們吃，而且慢慢調整配方，將原始蛋白及蛋黃比例為2:1，調整到目前書中的配方，將五個蛋黃添在四個全蛋白中，把蛋白與蛋黃的比例調整成了1:1的結構，藉由蛋黃卵磷脂來提高布丁自然的乳化效果，所

以只要一般的全脂牛奶就能做出很好的效果，而且布丁烤好時，表面就能形成一層稍黃稍厚的蛋皮面。

現在市面上有賣覆蓋的保羅瓶，可以重複使用，很是環保，又有蓋子可蓋，真的很方便，而且製作好的成品看起來和外面店家賣的樣貌相同，孩子的興奮度也高一些。

經典加上創意，大人小孩都滿意

改用這樣的瓶器之後，阿芳便把以前放在杯底的糖漿，改放到烤好的布丁上面，一來是因為瓶子不必倒扣放；以前杯子倒著放，是因為倒放可以減少冰箱對布丁皮面的水分吸收，還有焦糖漿的比重因素，如果糖漿是放在底部，存放時不反扣，那些糖漿的濃度就會被布丁體的水分慢慢稀釋掉，慢慢的糖汁就不見了。

再來，第二個原因是，阿芳在某次日本的旅行途中，無意間看到一家小小的個性咖啡店，他們除了賣咖啡，最吸引人的應該就是像書中介紹的這種加味布丁，布丁本身維持原味，卻在淋上焦糖漿時，加入了檸檬皮末，成了具有優雅檸檬香的布丁，若是加了薑泥，就成了

稍具辣味的薑香布丁，加上海鹽，就成了海鹽布丁，最特別的的是，竟然加上了八竿子打不著的昆布絲，特殊的香氣與鮮味浸潤在布丁中。

這樣的風貌，著實讓阿芳領略了這個經典不敗的手工布丁，除了是孩子會喜歡的，稍加改變，更會讓大人在傳統味中找到畫龍點睛的新風貌。

檸香焦糖
烤布丁

材 料

Ⓐ 蛋黃5個、全蛋4個、
細砂糖3/4杯、水3杯、
鹽1/4小匙、香草精1/4小匙、
奶粉3/4杯

Ⓑ 二砂糖1/2杯、水1/2杯、
檸檬1個

Ⓒ 熱水適量
（此配方可做16瓶布丁）

做 法

材料A的細砂糖加水，煮至糖溶
化，加入奶粉、鹽、香草精調勻
成為溫熱「奶水」。

蛋黃、全蛋放入盆中拌勻，一
邊攪拌一邊沖入「奶水」，拌
勻，再以細篩網過濾後，盛入
布丁瓶或烤杯中。

3

將盛裝好的布丁瓶或烤杯排放在深烤盤中，加熱水至瓶身1/3高，再將烤盤移入已預熱至180℃的烤箱烤20～25分鐘。

4

材料B的檸檬磨下綠色皮末，並擠出檸檬汁。

5

取一小鍋，放入二砂糖，再加少許水把糖弄濕，開火將糖煮化，並煮至糖汁呈現焦色，搖鍋至焦色變紅，再加入剩餘的水，以小火煮化，即為「焦糖漿」，熄火前加入1小匙檸檬汁(不喜歡微酸味亦可不加)。

6

打開烤箱，輕搖杯模，若呈固態不晃動，中央略凸狀，就表示熟透了。取出布丁，在表面撒些檸檬皮末，舀入2小匙焦糖漿，放涼冷藏保存。

阿芳老師的手做筆記

● 烤布丁時，烤箱溫度與模型材質有關，材質愈薄，則溫度要略低，材質愈厚，則溫度稍高，才不會一烤熟就產生蜂窩狀。

● 若烤模為金屬材質，可在內緣先抹上一層薄薄的油，改為糖漿在下方，再填蛋汁，就可以做出傳統倒扣焦糖在上的布丁了。只是現在很容易買到這種可以重複使用的覆蓋玻璃瓶，烤布丁效果很好，可以在家中裝不同的甜品。

● 煮焦糖漿，在熄火前加入少許檸檬汁，並不是要提出檸檬的酸味，而是因為煮糖至焦色，會讓糖漿除了甜味外，有微酸化的現象，所以加少許的檸檬，雖然檸檬好像是酸的，但是加一點，就可以達到平衡的效果。

平底鍋披薩

材料

Ⓐ 中筋麵粉3杯、二砂糖2大匙、
即溶酵母粉1小匙、水1又1/4杯、
橄欖油2大匙

Ⓑ 培根4片、罐頭玉米粒1罐、
番茄醬1/2杯、奧勒岡香料少許、
披薩起司絲2杯

做 法

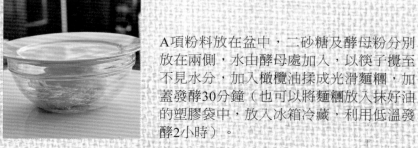

A項粉料放在盆中，二砂糖及酵母粉分別
放在兩側，水由酵母處加入，以筷子攪至
不見水分，加入橄欖油揉成光滑麵糰，加
蓋發酵30分鐘（也可以將麵糰放入抹好油
的塑膠袋中，放入冰箱冷藏，利用低溫發
酵2小時）。

2

培根切小片，先以
平底鍋煎香盛出，
鍋子擦拭乾淨。

3

麵糰可分成2～3份，擀成薄片（視鍋子大小，及喜好餅皮厚薄）。

4

平底鍋加少許油，麵皮拉成圓
片，鋪平在鍋面上，即可開
火，以小文火烤2分鐘，至底皮
上色即可熄火翻面。

5

在煎上色這一面，擠上番茄醬，撒上香料及起司絲、玉米粒，然後排上培根，再撒上起司絲。

6

在鍋緣邊加入3大匙的水，蓋上鍋蓋，重新開火，先烘烤2～3分鐘，至冒出水蒸氣，開蓋加入2小匙油略搖，再以中小火多煎烤2分鐘，至底皮金黃即成。

阿芳老師的手做筆記

● 可用叉子在麵糰上刺洞，防止麵皮在烘烤時會產生鼓漲現象。

● 不用平底鍋烘烤，也可以將餅皮鋪在烤盤上，鋪上料，再移入烤箱以最強火力烤至表面呈現金黃烤色即可。

● 這是阿芳在電視購物台上示範加蓋平底鍋具時的必做項目，如果以時效來說，那比起烤箱的效率好太多了，而且也不那麼乾口。只是因為平底鍋沒有烤箱的上火，所以如果上面鋪的是像培根這樣的食材，一定要煎過，煎出香味，才鋪在烤好翻面的餅皮上，這樣就算沒有烤箱的上火，不管餡料或餅皮一樣都有很棒的香氣。

拜拜日，牙祭日
拜好大廟，再換五臟廟

對我那個年代的小孩來說，拜拜通常意味著打牙祭的好機會，許多澎湃的料理擺滿桌，還有一些特別的甜點是平常吃不到的，只有拜拜的時候才會排在桌上。在吃食不是那麼豐富的年代，每個孩子對供桌上的東西可都是虎視眈眈。

說起拜拜，阿芳的爸爸家因為姑姑有佛緣而出家，所以在阿芳的記憶中，爺爺奶奶很早就不再忙碌於拜拜，但阿芳

的媽媽的娘家，則是在台南武廟前的百年燈鋪，賣的可不是什麼日光燈或藝術燈，而是在宮廟殿堂中或家中神明供桌上，所使用的燈具器具，目前則由阿芳的表哥表弟打理。阿芳的表哥表弟，以及已過世的三舅舅，可都是手畫得出一手龍鳳圖騰的宮燈好手，也熟悉各種祭拜的禮俗儀軌，家中對拜拜更為講究。只是當時年幼的阿芳，除了知道只要舅舅家有拜拜，就可以吃到好料之外，其餘就什麼也沒學會了。

充滿象徵意義的祭拜糕點

一直到阿芳嫁至北部的婆家，對於拜拜又有了更深一層的體悟。

婆家是非常傳統的佛道合一的家庭，因此什麼神明的誕辰都要拜，而因為家中做生意，所以農曆初二或十六也要拜，舉凡什麼節慶也都要拜，還有祖先

的生忌也要拜拜。可以想見，阿芳當新手媳婦的頭一年，可以說是拜得七葷八素，但那個「葷」用「昏」來形容應該更為貼切。

但是不服輸的阿芳，在昏了一兩年之後，決定來個拜拜大進修，除了用記事本把家中需要拜拜的日子全給記下，還利用回台南的時候，跑回三舅家，把所有拜拜的細節好好請益一番，也因此弄懂了，原來在許多年節中祭拜的各種糕點，其實都有著它們的特殊意義。

最簡單的古早味，最誠心的祈願

而接下來要介紹的這個拜拜蛋糕，主要是用於祭拜神明祈求家運興旺。過去大過年或像是新居落成時，發糕都是不可缺的祭品，看那發粿的外型，就是一個興旺狀，而麵包店看著年節拜拜商機，怎能輕易放過，因此演變出以西式的雞蛋糕模式烤出的膨發的樣貌，作為發糕的替代品。演變至今，就成了我們在年節時很常見的拜拜蛋糕。

對孩子來說，西式口味的雞蛋糕比傳統的發粿來得有吸引力。但因為料理技術的發展，現在市售的拜拜蛋糕大都充滿人工添加物，雖然勻細輕膨，但裂口呆板，不像發粿那種自然的「膨甲發，發甲逼」的興盛樣。

前幾年，一連串食安的事件，讓許多傳統質樸的食物重新被看見，阿芳回到台南，也發現開了許多標榜古早味的蛋糕專門店，且因為網路流傳，總可以見到排隊的長龍。其實拜拜蛋糕，也就是最簡單的古早味蛋糕，在家多做幾次，很容易就可以拿到竅門。

尚杯的拜拜蛋糕

在阿芳家，傳統的拜拜蛋糕，一次烤一定要烤雙，上面鋪滿腰果，很像是供桌上的筊杯。而自從阿芳了解發糕的意義後，在烘烤拜拜蛋糕，一定會把腰果排成一上一下，就很像在向神明祈願時，總會拿起筊杯，許個願，丟擲而出，一正一反，象徵尚杯，當然也就事事心想事成。

拜拜蛋糕

材 料

A 熱牛奶7大匙、
沙拉油4大匙、蛋黃6～7個（大6、小7）、
低筋麵粉1又1/3杯（約150克）、
鹽1/2小匙、香草精1/4小匙

B 蛋白6～7個（大6、小7）、白醋1/4小匙、
細砂糖3/4杯（約150克）

C 腰果1/2杯（先都剝成兩半）
（此配方可做2個7吋或1個10吋的蛋糕）

做 法

1

烤箱預熱至170℃。

2

材料A的牛奶、沙
拉油、蛋黃、鹽、
香草精先拌勻，加
入過篩的低筋麵
粉，輕輕拌勻。

3

蛋白加上白醋放入盆中，以打蛋器打至起泡，再將細砂糖分3次加入，打至蛋白泡呈光滑細緻、帶有挺度的硬性發泡。（攪拌棒的蛋白泡會呈現有彈性、不軟滑的短勾峰狀。）

4

取部分的蛋白沫加入蛋黃糊中拌勻後，再倒回蛋白沫的盆中輕輕拌勻。

5

將拌勻的蛋糕糊填入兩個模型中，邊緣抹淨，敲震兩下。生腰果排放在表面。

6

移入預熱的烤箱中，烘烤約35分鐘，以長竹籤刺試，若不沾生漿就
表示熟透了。取出蛋糕，先敲震兩下，以蛋糕置涼架反扣置涼。

7

待蛋糕模降溫至手
可觸模的溫度，即
可壓膜取下蛋糕。

阿芳老師的手做筆記

● 現在賣的活動底蛋糕模，有賣同一個模圈，搭
配2個蛋糕底盤，一個平底，一個是柱筒狀的
布丁模底，一模可兩用。烘烤拜拜蛋糕，運用
布丁模底，有氣孔，通氣性高，所以蛋糕膨得
高；改以平底模，則可烤出平式的蛋糕，就可
以拿來製作生日蛋糕了。

● 這是標準的戚風蛋糕，藉由蛋糕糊加熱，攀附
在蛋糕模上烤出鬆發的蛋糕，所以模型千萬不
要抹油，才不會膨發的蛋糕長高又往下滑。

紅茶
戚風蛋糕

材料

A 熱牛奶5大匙、蛋黃4個、
沙拉油3大匙、
低筋麵粉3/4杯（約100克）、
鹽1/4小匙、紅茶葉末1大匙

B 蛋4個、白醋1/4小匙、
細砂糖1/2杯（約100克）
（另備6吋活動蛋糕模2個）

做法

烤箱預熱至170℃。

材料A的熱牛奶、沙拉油、蛋黃
先攪勻，加入過篩的低筋麵粉、
鹽、紅茶葉末，輕輕拌勻。

材料B的蛋白、白醋先放入乾淨打蛋盆中，以打蛋器打至起泡，再將細砂糖分3次加入，打至蛋白泡呈軟滑細緻可彎而不掉(此時為濕性發泡)、再多打約2分鐘，至帶有挺度的硬性發泡。（攪拌棒的蛋白泡會呈現有彈性、不軟滑的勾峰狀。）

取部分的蛋白沫加入蛋黃糊中拌勻後，再倒回蛋白沫的盆中輕輕拌勻。

將拌勻的蛋糕糊填入模型中，敲震兩下，讓蛋糕糊更為平整並排出空氣後，移入烤箱中，烘烤約30～35鐘。

6

烘烤時間到時，以長竹籤刺試，若不沾生
漿就表示熟透了。取出蛋糕，先敲震兩
下，反扣在置涼架上。

7

待全涼後，以手輕剝壓蛋糕，即可脫膜，取下蛋糕。

阿芳老師的手做筆記

● 熱牛奶的溫度約為70℃。

● 初做蛋糕的人，最容易遇到的挫敗，就是蛋糕在烤箱裡膨得老高，端出爐卻
回縮得非常厲害，或整個塌下去，或是切開底下有一層像碗糕的硬皮。出爐
塌陷的原因可能是打蛋白打過頭，已經打成朵絮狀的乾性發泡，氣孔遇熱膨
脹，但出爐後麵糊重量又回壓。另外，蛋糕出爐後敲頓一下，可加速熱空氣
排出，再反扣，水氣因敲震離開蛋糕，這樣蛋糕不易產生回縮的現象。

香橙
乳酪蛋糕

材 料

奶油乳酪180克、牛奶100克、
香吉士2顆、奶油50克、
蛋（大）4個、玉米粉2大匙、
低筋麵粉3大匙（兩種粉共50克）、
細砂糖100克、白醋1/4小匙
（另備6吋實模2個、白紙2張、
奶油1大匙、麵粉1大匙、熱水適量）

做 法

1

模型側邊抹奶油，撒上一層麵
粉、鋪上2張底紙。

2

奶油乳酪、牛奶放入小鍋中，以
小火邊攪邊煮至乳酪完全融化，
熄火，加入奶油，拌勻，將小鍋
泡入冰水中冰鎮降溫（也可以移
入冰箱冰涼）。

香吉士先磨下皮末，
再擠出80克的橙汁。
蛋分出蛋白、蛋黃。

取出冰涼的乳酪糊，加入蛋黃、橙汁、橙
皮末，拌勻，再加入過篩的低筋麵粉、玉
米粉，輕輕拌勻。

蛋白、白醋放入打蛋器中，攪
打至起白泡，糖分2次加入，續
打至光亮極細的濕性發泡（蛋
泡呈軟勾峰狀）。

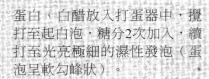

6

取部分蛋白沫和乳酪糊拌勻,再倒回蛋白沫的盆中,一起輕輕拌勻,即可倒入蛋糕模中。再拿起蛋糕模輕震兩下,震出空氣讓蛋糕糊更齊整密實。

7

將蛋糕模放到深烤盤中,倒入熱水至2公分處,移入已預熱至180℃的烤箱中烘烤約30分鐘,至表面上色,改150℃再烤30～40分鐘,以手輕拍蛋糕面,不晃動就表示全熟了。

8

按熄開關,多燜2分鐘,再取出蛋糕模,快速敲陣一下,稍降溫至手可拿取後,即可輕搖蛋糕模,蓋上一個盤子,反倒出蛋糕,快速撕去底紙,蓋上防沾紙及蛋糕盤立刻再反正。放涼後可冷藏。食用時,將刀烤熱,即可切塊享用

阿芳老師的手做筆記

● 這是一個看起來複雜,難度稍高的蛋糕,但相對美味度也是比較吸引人的。阿芳總希望在家自己做蛋糕,就是要像歐美媽媽一樣,好吃最重要,不必拘泥它的外型,也不必做得像店裡賣的毫無瑕疵。我電視台的攝影大哥,大男孩一個,用這配方,一個一個步驟,做兩次,就做出了非常棒的成品。

從失敗到成功的學習與喜悅

自然手做樂無限，
信手拈來天使味

阿芳姊姊的女兒，對念書沒有太大的興趣，卻對於烹飪與烘焙有著高度的熱忱，阿芳鼓勵姊姊就順應孩子的性向，鼓勵孩子的發展，於是也讓孩子選擇了餐飲學校就讀。因為這樣的機緣，這個愛烹飪的女孩就北上寄居阿芳家中，同時讓阿芳也可以看到孩子如何以正科班的方式學習餐飲。看著這孩子慢吞的個性因為學習自己喜愛的餐飲而改變，變得積極踴躍，實在讓人非常開心。

手做香氣VS.人工香精

有一天，姪女回到家時手上拿著一包食物，她隨手擺在桌上，阿芳好奇想打開看看，但才一拿起那包東西，就聞到濃濃的香料味，再打開一看，發現是一團濕黏的蛋糕。阿芳一瞧，就知道那是一個只用蛋白製作，顏色潔白的天使蛋糕（因為製程沒有蛋黃的成份，做好的蛋糕顏色潔白，所以有了天使蛋糕這個名稱）。

只是看起來，袋中是一個失敗的天使蛋糕，那令人無法接受的香料味，說實在，就算它是成功蛋糕的，阿芳也不會有想吃的意願。想來是為了掩飾只用蛋白製作所以產生的明顯蛋腥味，所以加入了香精，但這樣的人工氣味對於習慣吃家庭手做點心的人來說，實在是太可怕了。

我問了姪女，這個蛋糕好吃嗎？她搖搖頭，說是因為同學都不吃，所以她才把蛋糕帶回家，她想要知道這個做起來不難的天使蛋糕，實際上到底應該是什麼模樣。

從實做中發現糕點的奧妙

於是阿芳帶著姪女進廚房，拿出材料向她解釋：由於天使蛋糕只用蛋清製作，所以蛋糕的蛋白質比例高，加上無油少水份，所以組織極堅韌，但因為是打發，所以並不會發硬，而由於沒有使

用到蛋黃，因此烘烤時會少了蛋黃中卵磷脂所產生的香氣，但是只要是清爽的天然食材，水份又不會太高，都可以成為天使蛋糕的提味料。

趁著孩子還印象深刻時，阿芳帶著她實做了一次，從打蛋白到加入麵粉，並添加了抹茶粉，蛋糕漿在填模時又加上了一些蜜紅豆，烤好出爐，就成了抹茶紅豆天使蛋糕。這樣的過程也讓孩子看到，因為沒有蛋黃，所以烤出了抹茶漂亮的綠色；而因為蛋糕組織堅韌，所以可以把紅豆托得很好而不塌底。

天然又自然，好吃又美味

那一晚，我看著孩子又在糕點的世界中，見識到了有趣奧妙的一面，而做好的蛋糕，只見姪女小心翼翼地把它裝好，準備隔天帶到學校和同學分享。

同學嚐過蛋糕後的稱讚，或許讓姪女生了信心，當天回家之後，她便又自己動手做了她喜歡的可可天使蛋糕。

天然，自然，這是自己在家做點心很大的特色與重點。每每阿芳做天使蛋

糕，其實都是為了把製作手工布丁時多用了蛋黃而留下的蛋白給消化掉，簡單打一打，家中有什麼果醬就拿來使用，不論是抹茶粉或可可粉，甚至改用黑糖再加一大匙薑泥，信手拈來，都能做出不同顏色、具有不同自然香味的天使蛋糕。

果醬
天使蛋糕

材 料

A 蛋白5個、細砂糖1/2杯、白醋1/4小匙

B 果醬3大匙

C 低筋麵粉3/4杯、鹽1/4匙

做 法

烤箱預熱至150℃。

果醬攪散，或隔水加熱使其融解。

蛋白放入乾淨盆中，加上白醋，先打至變白泡，細砂糖分3次加入，打至蛋白呈光滑細密的濕性發泡。（蛋沫呈軟勾峰狀）

4

麵粉和鹽一起過
篩，加入蛋沫中，
輕拌至均勻，取部
分蛋沫與果醬拌
勻，再回倒入蛋沫
中拌勻。

5

將蛋糕糊倒入蛋糕
模，把周邊抹乾
淨，敲震2下。

6

移入烤箱，以150℃烤約25～30分鐘，即可以竹籤刺探，不沾生醬表示熟透，即可取出敲震一下後倒扣，略降溫，蛋糕邊開始離模，即可蓋上盤子敲震兩下，使其脫下。

阿芳老師的手做筆記

● 每一次製作烤布丁時，就會剩下5顆蛋的蛋白，最好的解決之道，就是拿來烤天使蛋糕，或是製作杏仁大瓦片。聰明的家庭主婦，物盡其用是必學之道，也不會浪費了寶貴的食材。

● 天使蛋糕因為沒有蛋黃，所以也稱低膽固醇蛋糕，不過因為沒有蛋黃，就少了雞蛋糕的香氣，反而有一點蛋腥味，所以添加果味是很適合的，當然換成清香的抹茶粉也是很棒的。

可可蛋糕捲

材 料

A 熱牛奶5大匙、沙拉油3大匙、
蛋黃4個、低筋麵粉80克（3/4杯弱）、
可可粉20～30克（2～3大匙）、
鹽1/4小匙

B 蛋白4個、白醋1/4小匙、
細砂糖1/2杯（100克）

C 果醬適量

做 法

1

烤箱預熱至180℃。

熱牛奶加上沙拉油、蛋黃攪勻，
加入過篩的低筋麵粉、鹽、可可
粉，輕輕拌勻。

2

3

蛋白加上白醋以打蛋器打至起泡,再將細砂糖分3次加入,打至蛋白泡呈光滑細緻、帶有挺度的硬性發泡。(攪拌棒的蛋白泡會呈現有彈性、不軟滑的勾峰狀。)

取部分的蛋白沫加入蛋黃糊中拌勻後,再倒回蛋白沫的盆中輕輕拌勻。

4

5

6

移入烤箱烘烤約25分鐘,以長竹籤刺試,若不沾生漿就表示熟透了,取出敲震1下再移開烤盤至烤架上放涼。

烤盤鋪上烤盤紙,四邊折起挺角,倒入蛋糕糊抹平。

7

撕開防沾紙，回鋪在蛋糕底層，以刀先在蛋糕一邊斜切一小條片，再在蛋糕上劃上刀紋，抹上果醬，即可由未切的一頭捲起，斜口最後捲好，以烤盤紙包緊，稍放至涼，就可定型切片食用。

阿芳老師的手做筆記

● 蛋糕捲的製作簡單快速，使用烤箱配備的烤盤就可以製作，只是有些烤盤深度不夠，可以用烤盤紙摺釘出高度，就可烤出平片式的蛋糕了。

● 除了抹果醬外，也可抹上打發的鮮奶油，也十分對味，小孩子也會喜歡。

蟹殼黃

材料

A　中筋麵粉2杯、細砂糖2大匙、
　　即溶酵母粉1小匙、水約1杯（弱）

B　中筋麵粉1杯、豬油約1/3杯

C　青蔥1/2斤、豬油2大匙、鹽1小匙

D　蜜糖漿2大匙、水2大匙、生白芝麻1/2杯

做 法

1

材料A揉成光滑麵糰，加蓋30分鐘發酵。

2

材料B調勻成油酥。

3

發麵糰分2份,先取一份擀成長片狀,鋪入一半油酥,包妥成片,擀開,兩端向內三折,再擀成長片,即可橫向捲起成長卷狀。

4

將長卷捏成12~13個小劑,共做成25個小面劑,稍加覆蓋。

5

鹽加入豬油中拌勻,青蔥晾乾切蔥花,再和豬油拌勻。

6

以手按扁麵糰,包入蔥花餡,收口捏合。

底面沾上蜜糖水（蜜糖漿＋水），再沾芝麻，反向排入烤盤，收口壓於
下方。

移入預熱至190℃的烤
箱，烤約18～20分鐘，
即成。

阿芳老師的手做筆記

● 蟹殼黃是江浙的點心，餅的外型，活脫
脫就一隻3兩的大閘蟹的蟹身，做法很簡
單，是一種最隨意亂酥的的手法，但是做
起來隨意，烤餅的香氣可是一點都不可小
覷，很容易引人食慾，放涼冷藏保存，再
覆烤加熱又可回到香酥的狀態。

● 這是發麵糰以大包酥的手法做成破酥的
層次，在擀或捏的過程中，油酥有時會爆
出，但不影響成品，只是麵捲捏成小麵糰
時，一定要經過加蓋鬆弛，再用手壓，就
能把亂酥的麵皮壓密再包入蔥料。

救駕燒餅

材料

Ⓐ 中筋麵粉3杯、細砂糖2大匙、
即溶酵母粉1小匙、水約1杯、豬油1/3杯

Ⓑ 梅干菜1小紮、肥絞肉6兩、蒜末1大匙、
醬油1大匙、糖1小匙、米酒2大匙、
白胡椒粉少許

Ⓒ 蜜糖漿2大匙、水2大匙、生白芝麻1/2杯

做 法

梅干菜泡軟洗淨切碎末，以少許
油爆香蒜末，下梅干菜炒出香
氣，加入醬油、糖、米酒炒香，
熄火。

肥絞肉放在大碗中，加入梅干菜
和胡椒粉拌出黏性。

3

取2杯中筋麵粉，加細砂糖、酵母粉、水一起攪勻，再揉成糰，加蓋靜置30分鐘發酵。

4

1杯中筋麵粉加豬油，拌成油酥。

發酵麵糰及油酥各分成2份，將麵糰擀開成長方片，抹上油酥包妥，摺開三折，再擀開，再捲成長卷，一份麵卷各抓捏成12等分。

5

6

以手將麵卷按平，包入餡料，收口捏合，底面沾上蜜糖水再沾芝麻，排入烤盤，以手略壓成扁厚圓狀。移入預熱至200℃的烤箱，烤18～20分鐘，即成。

名符其實的救駕燒餅

這是阿芳上黃山旅遊前，來到安徽的屯溪老街旅遊見到的蟹殼黃變化版，一條古街都在賣這救駕燒餅，為什麼叫「救駕燒餅」：相傳明太祖朱元璋在戰亂中遇難逃入徽州的一戶農家，正當他饑腸轆轆時，農人慷慨拿出香熱的燒餅給他充饑，餅皮酥脆、內餡鮮美，他吃得津津有味，恢復體力，最終攻克反勝，稱帝後，對於落難時的美味念念不忘，於是賜名「救駕燒餅」。品嚐起來鹹香有味，方便攜帶。所以阿芳也買了一袋帶在身上當成糧餉，第二日上黃山，就靠著它補充體力，豈知我們因為是自由行，行動較為散漫，沒能在天暗前走至過夜的飯店，又冷又暗的山路上，我們就靠著這可以頂飽的救駕燒餅補充了體力，再繼續往前走，心中就留下了這念念不忘的救駕燒餅。

阿芳老師的手做筆記

●因為是包在餅中當餡，所以梅乾菜要以嫩葉部位較為適合，如果是前端葉梗的部位，就要泡軟一些，切碎一點，炒餡時多煮一下，柔軟一些，吸附的水分多，餅餡才好吃。

水煎包

材　料	調 味 料
A 中筋麵粉3杯、二砂糖2大匙、 即溶酵母粉1小匙、 水約1又1/4杯、沙拉油1匙	醬油1大匙、 鹽1/2小匙、 白胡椒粉1/4小匙
B 蝦皮3大匙、蛋1個、 粉絲1把、韭菜1把（10兩）、 沙拉油1又1/2大匙	
C 水1又1/2杯、麵粉1大匙、 香油1小匙	

做 法

1

A料麵粉放盆中，二砂糖與酵母粉分放兩邊，水由酵母處加入，攪至不見水分。再加油揉成光滑麵糰，放在盆中加蓋發酵20～25分鐘（夏短冬長）。

2

粉絲以冷水泡軟，瀝乾剪成小段；韭菜洗淨晾乾，切約1.5公分的段狀，蛋打散。B料沙拉油先爆香蝦皮盛起，原鍋下蛋液，以筷子攪炒成小粒狀盛起，下冬粉加入醬油，炒至醬油被冬粉吸收，即熄火。

3

碎蛋、蝦皮、粉絲加上韭菜，撒上鹽及胡椒粉，拌合成餡料。

4

麵糰分成15等分，拍上手粉，由底收圓，再擀成外薄中厚的圓片，包入韭菜餡，收口捏成包子狀，再靜置10分鐘二次發酵。

5

平底鍋熱1大匙油，先熄火，排入包子。麵粉加水調勻淋上，加蓋以中火煎至水分快乾時，滴上香油，再煎至水分收乾，底皮成香酥狀即可。

阿芳老師的手做筆記

● 對孩子來說，這應該是放學後、晚餐前最有吸引力的點心，不用韭菜，也可以改用以少許鹽、糖、香油揉出水的高麗菜丁，拌上爆香的蝦皮粉絲，也是很美味。

● 包子排入鍋內，雖然要預留包子膨脹的空間，但也不要排得過開，煎出來的包子才會相靠，呈現高挺的包子狀，不然就會外擴成扁塌狀，讓人覺得餡料不豐的感覺。

● 這個韭菜餡，如果不用發麵皮來包，也可以用本書第94頁蔥油餅的燙麵，沾上乾手粉擀開包成半月狀，用平底鍋乾烙，就是皮薄餡豐的韭菜盒子。

葡萄酒
蜂蜜蛋糕

材料

A 蛋黃10個、沙拉油1大匙、細砂糖50公克（1/4杯）

B 蜂蜜80克、白酒3大匙

C 高筋麵粉200克（1又1/2杯）、鹽1/4小匙

D 蛋白8個、細砂糖150克（3/4杯）、白醋1/4小匙

E 長28×寬22×高7公分的厚紙盒一只
（可以找長寬高相乘容量差不多的厚紙盒即可）

做 法

厚紙盒以鋁箔紙包好，再鋪上防沾紙，放在烤盤上。

烤箱先預熱至160℃。
蜂蜜加白酒一起隔水加熱，攪化保溫。

蛋黃加上細砂粉攪化，再加入沙拉油，及熱酒蜜調勻。

麵粉和鹽過篩，加入蛋黃糊中拌勻。

蛋白加醋，以打蛋器打至變白泡，細砂糖分3次加入，打至極白綿細的硬性發泡（攪拌棒的蛋白泡會呈現有彈性、不軟滑的勾峰狀）。

取一部分蛋白沫，至蛋黃麵糊中攪勻，再回倒至蛋白沫中翻拌均勻。

7

倒入模型中，移入烤箱，烘烤60分鐘。入烤3分鐘時，開箱門，以兩根竹籤翻攪麵糊，再烤3分鐘，再翻攪。可重複4～5次，即可繼續烘烤。

8

9

放涼後切成三條長型蛋糕，放入保鮮盒，隔日回潮後最為美味。

時間到，以竹籤刺底，不沾麵糊表示熟透，出爐敲震一下，蓋上一張防沾紙及網架，翻轉取下模盒，撕掉防沾紙，墊上一張A4白紙，蓋上網架再翻回。

阿芳老師的手做筆記

● 蜂蜜蛋糕是阿芳很喜歡的日本九州傳統的長條蛋糕，香甜可口，最有名的店家叫做カステラ，　除了香甜溼潤的口感外，底部還撒上了一層粒狀砂糖，切上一片，搭配一杯熱茶，實在好味。只是這些年，蜂蜜蛋糕演變成了口感非常怪，很像菜瓜布海綿的蛋糕，雖然很香，但充滿改造的口感。阿芳因為喜歡吃，所以用簡化的方式做，希望找到那種自然的美味，意外好效果。

● 這個開爐以竹籤撥動蛋糕糊的動作，意義就是要讓蛋糕糊產生消泡的效果，可以做出不加乳化劑，就能讓蛋糕變成較密實的質感，只是因為烤箱溫度高，手在爐邊劃動要特別小心，才不會不小心燙傷。

● 放到第二天，蛋糕返潮，濕潤度很夠，所以一定要放進冰箱冷藏保存，才不會發霉變質。也可以先切好片，放在盒子內包裝好，並以袋子包好冷凍，也能冷凍成雪藏蛋糕，吃多少，就拿多少下來自然解凍，風味也不會改變。

材　料

A 絞肉3兩、醬油3大匙、
油蔥酥3大匙、白胡椒粉少許

B 蛋四個、細砂糖3/4杯、
低筋麵粉1杯、無鋁泡打粉1小匙、
沙拉油2大匙、牛奶4大匙

C 油蔥酥2大匙

做　法

1

絞肉炒散，加入醬油炒香，加入
油蔥酥及胡椒粉，炒勻盛起。

蛋放入乾淨打蛋盆，以打蛋
器打至起泡，細砂糖分3次
加入打發，打至蛋泡呈乳白
色的極細輕發蛋沫。（可提
起攪拌棒畫出8字型，不會
立即消失的程度。）

2

3

麵粉及泡打粉一起過篩，輕拌7分勻再加入牛奶及沙拉油拌勻。

4

模型鋪上防沾紙，倒入一半蛋糕糊推平，入沸騰的炒鍋中火蒸5分鐘。

5

開鍋將肉燥料鋪開在蛋糕上，蓋上剩餘蛋糕糊推平，表面可撒上油蔥酥，再蓋鍋蒸8分鐘，熄火後取出，放涼切塊。

阿芳老師的手做筆記

● 十多年前阿芳至鹿港小鎮出外景，在一家包子老店吃到這個蛋糕，店家把包子的風味改變成蛋糕口感，中西合璧。幾年後，這個點心在很多黃昏市場都可以見到，但這兩年，這樣的古早味好像又銷聲匿跡。而沒有烤箱的家庭，一樣可以做出好吃的蒸蛋糕。

● 這個蛋糕的概念是全蛋的海綿蛋糕，打到勻細輕泡，但是拌粉時手勁要輕，如果初學者沒有把握，牛奶和油的量可以減半，甚至不加，因為加上肉燥餡，還不至於過乾。

● 用水鍋蒸蛋糕，鍋子不能太小，火力不要過大，蒸的水也不要太接近蛋糕的蒸盤底，才不會把蛋糕體給煮死成了老皮狀的粉粿。。

● 不管是什麼蛋糕，只要是熱氣散去後，放涼了，就一定要以盒子裝好，才不會乾化而壞了蛋糕的質感。

沙其瑪

材 料

A 高筋麵粉1杯、雞蛋2個、
小蘇打粉1/2小匙、鹽1/4小匙

B 太白粉約1/4杯（手粉）、
炒香白芝麻1大匙

C 細砂糖3/4杯、麥芽2大匙、
水1/4杯、鹽1/4小匙

做 法

1

蛋打散，加入其
餘A料揉成糰，
加蓋略放10分鐘
鬆弛。

2

麵糰拍上太白粉當手粉，擀成0.1公分的薄片，再切成寸段的細麵條，拍上手粉抖散。

3

麵條分次入熱油鍋以中大火炸至乳黃色，撈出瀝油。

4

油鍋盛起，C料入鍋煮糖漿至拉起可牽絲，滴入冷水中可立即凝固成糖珠，即可熄火，將麵條加入快速拌勻。

5

趁熱將拌糖的麵條填入抹油或鋪上防沾紙的模型，輕手整平壓實，以薄利的刀子切成塊狀，可分塊包裝保存。

阿芳老師的手做筆記

● 沙其瑪是滿語切糕的音義，是一種滿族的茶食，這點心隨著滿清入關傳入中原，麵條因油炸膨鬆，其中的蛋在炸過後香氣十足，掛上如玻璃般的糖衣，香甜不黏牙，在寒冷的季節，是非常討喜誘人的點心，配上一杯熱茶，更是絕配。只是現在市售的現成品，為了追求高度的蓬鬆效果，添加了高量強效的膨鬆劑，所以常常留下了氨粉的氣味，把蛋香都吃掉了。其實，自己製作材料簡單，只要麵皮擀的夠薄，細小的蛋麵條，遇到熱油，就有鬆發酥脆的效果，少少材料，一做可是一大盤，分量十足，成就感也高。

● 糖漿只要煮到呈濃密的銀白色糖泡，滴入冷水中，可以成圓糖珠，就可以拌入炸麵條，否則炒過頭，除了糖衣的顏色變焦，黏合的作用也會變差。

黑糖牛舌餅

材 料

Ⓐ 高筋麵粉1又1/2杯、低粉1/2杯、
沙拉油1/3杯、黑糖2大匙、
鹽1/4小匙、冷水約1/2杯

Ⓑ 中筋麵粉4大匙、糖粉1/2杯、
黑糖6大匙、沙拉油2大匙、
麥芽糖2大匙、水1大匙

做 法

全部黑糖使用前先
以粗網篩過。

A料麵粉與黑
糖、沙拉油、鹽
拌勻，加入冷水
揉成糰，加蓋靜
置15分鐘。

3

B料麵粉入鍋炒熱熄火，加入其餘B料，揉成餡糰。

4

麵皮和餡糰各分為20等分。

阿芳老師的手做筆記

● 這是宜蘭脆式的牛舌餅，要擀得勻薄，使用的黑糖一定要過篩，揉
　好的麵糰一定要鬆弛，如此才能擀得均勻平薄。

5

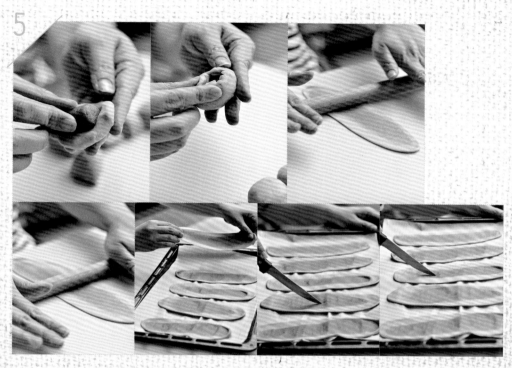

餡心捏成粗短狀，以麵皮包成橢圓狀，收口面向下，以手掌按扁，再擀成長片牛
舌薄片狀，並在表面以利刀劃出一個刀口。

6

餅胚排在鋪上防沾紙的烤盤
上，移入預熱至170～180℃
的烤箱中，烤約10～12分鐘
即可。

擠花小餅

材 料

A 小條奶油2條（約220克）、糖粉3/4杯

B 蛋1個、香草精1/4小匙

C 高筋麵粉1杯、低筋麵粉1杯、奶粉3大匙

D 瓜子仁隨意

做 法

1

材料A的奶油放室溫回軟，加入糖粉攪打至色澤變白。

2

蛋打散，分3次慢慢加入奶油糖中拌打至融合，再加入香草精拌合。

3

加入材料C，攪拌均勻，裝入擠花袋中。

4

在烤盤上擠成小花餅狀，中間撒上瓜子仁略壓，即可移入已預熱至180℃的烤箱中，烘烤約15分鐘即可。

阿芳老師的手做筆記

● 這是原味的奶香曲奇餅配方，也可以把奶粉改為可可粉、椰奶粉、即溶咖啡粉，再搭配不同堅果或果醬填在餅上，就可以做出屬於合自己家中多樣的餅乾盒。

思念婆婆的心
心念的雙胞胎

　　南部因為天氣太熱，不常有人販售雙胞胎這種美食。想當年，我嫁到台北以後，在黃昏市場買的第一個點心，就是雙胞胎。一口咬下，我訝異它看來簡單，卻有多層次的美味，撲鼻而來的油麵香，外脆內軟的口感，香脆不膩的顆粒糖衣，入口一嚼，芝麻繼出的後香，真的可以算是麵點美食的高境界。

　　對於美食研究，阿芳總是抱持百挫不撓的精神。見識了雙胞胎的美味，就想學著自己做，每天在家不斷研究試做，明明同樣的攤子也賣甜甜圈，為什麼甜甜圈的麵糰卻炸不出雙胞胎的口感？為什麼我撒上的糖無法像買來的雙胞胎一樣，再開口的夾層中留下一層糖衣？反而入油鍋一炸，隨著油溫升高，所有糖料就脫離麵體，焦散一整鍋油。

對婆婆的思念，「爭氣雙胞胎」

　　對美食研究毅力無比的阿芳，一試再試，不斷失敗。婆婆看在眼裡，也許是看到我的失落感，或是惜福幫我吃那些失敗的雙胞胎吃到怕，有一天，婆婆就說她要替我去問問在賣雙胞胎的遠房親戚，結果卻碰了一鼻子灰。為了替婆

婆找回面子，我不斷閉門改進，總算以中筋麵粉添加高筋麵粉，做出了和甜甜圈不同筋道的麵體，更不必添加氨粉及燒明礬，也能有外脆內軟口感的膨發麵體；而有天因為做糖燒餅，為了讓糖留在燒餅中，加入了炒熟的麵粉一起拌糖餡，一般店家的糖料也是白糖加熟麵粉，只是因為噴了水，糖料濕化所以看起來只有糖。就這樣，經過無數試做，真的就把雙胞胎給研究出來，而且是很家庭的手法。

　　因此，阿芳的先生都說這是一個幫我婆婆爭口氣的雙胞胎。

　　其實阿芳的手藝，很多都是這樣慢慢熬練出來的。後來每當我在工作場合中做這道雙胞胎，我家老爺子就會重提這段往事，每每又勾起我思念婆婆的心。這種藏在食物背後的故事，也是讓阿芳立志在料理教學中知無不言、言無不盡的精神來源。

雙胞胎

材 料

Ⓐ 中筋麵粉1又1/2杯、二砂糖1大匙、
即溶酵母粉1/2小匙、
水約3/4杯（弱）、沙拉油1/2小匙

Ⓑ 高筋麵粉1又1/2杯、無鋁泡打粉1小匙、
小蘇打粉1/8小匙、水約1/2杯（強）

Ⓒ 中筋麵粉2大匙、白砂糖1/2杯、生白芝麻1小匙

Ⓓ 手粉適量、噴水適量

做 法

1

A料放盆中，水由酵母處加入，以筷子攪至不見
水分，揉成光滑麵糰。

2

塑膠袋加入沙拉油搖
勻，放入麵糰綁緊，放
入冰箱冷藏發酵2小時以
上。

3

4

盆中放入水，調入小蘇打粉，取出麵糰拆成小塊，入水中拌勻，加上高筋麵粉及泡打粉，再揉成光滑麵糰，加蓋鬆弛5分鐘。

C料麵粉炒至微黃放涼，加入白砂糖及生白芝麻拌勻。

5

桌面撒上手粉，麵糰擀整2次成長片狀，切成兩段。

6

在麵片上噴水，撒上糖粉料，再噴濕糖粉料，即可蓋上另一片麵片，略輕擀貼合。

長麵片橫刀切2刀，可切成約6公分高的橫長段，再斜刀切出約5公分寬的塊狀，以筷子在麵胚刺洞，邊耳由洞翻出，排在撒上手粉的托盤上。完成靜置10分鐘，二次發酵。

油鍋燒熱，改中小火，放入麵胚炸至金黃，即可改大火，撈出瀝油完成。

阿芳老師的手做筆記

● 在家製作雙胞胎，不要做的過大，才不會因為油量不夠多而炸不漂亮。雙胞胎的長度也不要過寬，炸開花後，會裂得太開，就失去了對生雙胞胎的樣貌。

● 如果發酵麵糰放置較久，會有較濃的酒酵味，小蘇打粉可以加至1/4小匙的分量，不只有膨大作用，也有去除酵味的效果。

媽媽的私房醬

　　「醬」是食材的濃縮，改變了食材原始的樣貌，但香氣風味更昇華，很受一般家庭歡迎。而隨著美食無國界的概念興起，現代人的飲食喜好愈來愈多元，也愈來愈容易接觸到各種外來食物。在各種風味料理的戰場，「醬」的身影也穿梭其間。

　　舉例來說，香蒜抹在白味麵包上是絕美的搭配，原本這樣的搭配只有在西餐廳可以嚐到，現在也隨著蒜泥抹醬的銷售而走入家庭。

　　對於現代簡單的食物烹調手法，方便的醬，具有畫龍點睛的效果，除了提味，也大大增加口感層次。為了健康和好味道，自己做醬料，近年來蔚為風潮。在這裡阿芳就要教大家，如何利用當季盛產的食材，並以家庭可操作的方式，自己製作獨門的美味愛心醬。

阿芳的好人緣果醬
留住色、香、味的
田園精華好滋味

製作材料豐富，各式花樣自己來

說寶島台灣是水果之島，一點也不為過。台灣一年四季都盛產不同的美味果實，有的水果單吃就非常過癮，但有的水果單吃卻顯得酸又澀，儘管可能含有很高的營養價值。在水果盛產時，往往我們吃的速度還會跟不上水果生產的速度，這時候果醬就成了保存水果最好又最經濟的方式。

自從吃的意識抬頭，食安問題鬧得沸沸揚揚後，手工果醬就愈來愈盛行，甚至很多手工果醬還屬於高價產品。

兒時的甜滋味，融入手工創新

其實果醬的做法很一致，好的水果加上糖，濃縮，就成了果醬。學會一種果醬製作，就可以適用到不同的水果，舉一反三，自己吃得開心，多做的還可以交換或餽贈，替你贏得好人緣。

阿芳記得小時候有一種自由神牌的果醬，是我對果醬的初體驗。對當時的孩子來說，那是很美味的食物，看起來及嚐起來都像果凍一般滑細，偷吃上一口就讓人感到幸福。於是，儘管現在我自己做果醬，還是想要保留兒時記憶中的那種膠凍狀，所以阿芳的果醬都會加入果膠，對孩子的吸引力也比較大。這是我自己喜歡的質感，加上形成凝凍後裝瓶，不會有空氣，保存條件更好。

製造果醬的手法，
如同調香水般的藝術

對阿芳來說，做果醬就像調香水一樣，是一種滋味與香氣的尋找與融和的過程。雖然每種水果都有自己的滋味與香味，但我認為製成果醬後，應該要創造出更奇妙的味道。

所以阿芳會以天然的食材做搭配，為果醬調味。因此你會在阿芳的果醬裡看到檸檬皮，或者鳳梨果醬加薑。這麼做的目的是創造果醬的後味，讓果醬吃起來不會那麼單調，口感會更柔和，也不那麼甜膩。

什麼樣的水果適合做果醬？

我建議帶有酸味、顏色比較強烈、水分不宜過多的水果。有明確香味的水果，拿來做果醬會比較討喜。譬如說，火龍果沒有明確味道，只有水味、沒有香氣，做果醬可能就比較遜色；相對而言，顏色鮮艷、香氣十足，兼具甜酸特質的草莓，就是很討喜的果醬材料。

草莓果醬是阿芳每年必做的果醬，總是在農曆年前後，草莓盛產的季節，一次買上好幾籃，一鍋煮好，分裝成瓶，留下幾瓶放冰箱自用，其餘的送給朋友們一起分享。

特別的是，我不買碩大的草莓，而是買那些在栽培過程中，為了讓果實碩大而摘除的小小草莓，價格便宜，但香氣一樣誘人。另外，草莓果醬不只可以用來塗抹麵包甜點，也可以加入鮮奶打成草莓牛奶，或製成草莓奶昔。

好運氣轉換成甜蜜的人情味

但有些水果因為先天的條件，可遇不可求，好比說桑椹。桑椹是一種嬌貴的水果，初夏盛產時，樹上結實累累，有時候早上採收好，因為天氣炎熱，到下午可能就出汁傷軟了。因此就算在新竹、嘉義一代產量大，卻因為不經放，比較難透過蔬果市場的產銷管道販售。離開產地就不容易買到新鮮的桑椹，可是在產地，桑椹可是鄰里鄉親互贈之物。阿芳也因為到各個農村從事休閒農業田媽媽的輔導，常收到這樣的人情味。

在製作這本食譜時，剛好是桑椹的產季，阿芳其實很想製作這道果醬，但又擔心買不到桑椹，尤其在台北更是可遇不可求。或許是老天爺聽見阿芳的呼喊，拍攝食譜那幾天，阿芳輔導的田媽媽班的班員宜萍是我最佳的好幫手，收工後她先生來接她，竟然就帶了一大籃的桑椹送我！那天儘管已經拍攝了一整天的食譜，看到捧在手上這籃從田園直送的珍物，欣喜不已，即使雙手做菜做到腫脹疼痛，還是堅持把新鮮的桑椹下鍋熬製成果醬，雖然累，但滿心歡喜。隔日，一籃新鮮果實已經變成一瓶瓶甜蜜的桑椹露和桑椹醬，分享給辛勞的工作夥伴們。

桑椹汁
桑椹果醬

材料

A 桑椹2斤、白砂糖2杯、
水麥芽1杯、水1杯

B 白砂糖1杯、水麥芽1/2杯、
吉利T粉1大匙、水3大匙

做法

1

以流動的水快速清洗桑椹後瀝乾。

2

桑椹加上A料一起入鍋煮至沸騰，改以中小火再煮20分鐘熄火。

3

瀝出原汁裝瓶即為濃縮桑椹汁，放涼冷藏保存，食用時添加冰塊和白開水。

4

自然濾出的果粒渣，以壓泥器擠
壓，或微涼後以果汁機打碎，加
入B料的白砂糖及水麥芽重新煮
至沸騰，改中火攪煮5分鐘。

5

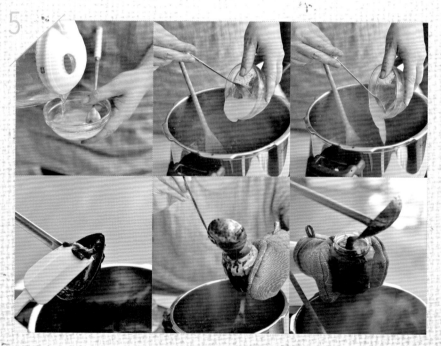

吉利T粉加水調化，加入桑椹果漿中煮至沸騰熄火。趁熱裝瓶，微涼
後即可凝固。

阿芳老師的手做筆記

● 這種先熬出蜜糖的濃縮汁，再把果渣二次利用製作果醬的手
法，適合用在酸度極高的水果，除了桑椹是典型的代表，近年
流行的鮮採洛神花，也可比照辦理。

鳳梨果醬

材 料

鳳梨果肉2斤、
白砂糖2杯、
檸檬1顆、
老薑1塊、
吉利T粉1大匙、
水2大匙

做 法

1 鳳梨切塊加上糖拌勻，放入果汁機5分鐘出水，再以瞬動模式打成粗果泥狀。

2 薑磨出1大匙薑泥；檸檬擠出檸檬汁；吉利T粉加水調化。

3

鳳梨果泥倒入鍋中，開火煮至沸騰，改中火攪煮15分鐘，加入吉利T再煮3分鐘，加入薑泥、檸檬汁煮至沸騰熄火。

4

趁熱裝瓶，放涼即見凝固狀。

草莓果醬

材料

A　小粒草莓2.5斤、白砂糖2杯、水麥芽1杯

B　吉利T粉1大匙、水3大匙

C　檸檬2個

作 法

1

草莓洗淨瀝乾，以尖刀削去蒂頭，約剩餘2斤果粒，切成小瓣片狀。

2

草莓片加上白砂糖及小麥芽，在深鍋中拌勻放置5分鐘出水。

3

檸檬磨下綠皮末、擠出檸檬汁；吉利T粉加水調化。

4

開火煮至沸騰，改中火煮15分鐘，加入吉利T再煮3分鐘，加入檸檬汁煮30秒熄火，熄火後快速加入檸檬皮末拌勻，立即倒入玻璃瓶中至滿瓶，瞬間即可凝結成膠凍狀，蓋瓶放至全涼冷藏保存。

柳丁果醬

材 料

柳丁10顆、
白砂糖1杯、
小麥芽1/4杯、
吉利T粉1大匙、
水2大匙、
蘭姆酒1大匙

做 法

1 柳丁洗淨以紙巾沾熱水擦拭表面，並以刮皮器或磨泥器刮下柳丁外層皮層。

2 以刀削去柳丁上下兩頭，柳丁立穩即可輕鬆切下白膜。

3

切下果肉擰出湯汁並挑
去果籽。

4

果汁果肉加入白糖及水麥芽一起煮沸,不停攪煮
15分鐘至湯汁變濃、湯泡變細。

5

吉利T以水先調化,加入柳丁糖漿中攪勻3分鐘,最後加入皮絲及蘭姆酒提香即
可熄火。趁熱即可裝瓶至滿,加蓋放至全涼後冷藏保存。

阿芳老師的手做筆記

● 阿芳製作的果醬,是添加植物性吉利T粉,不是動物性的吉利丁,很多人容
易錯用,因為除了植物素的原因,果醬是水果的濃縮,酸度高並有分解蛋白
質的水果酶,很多人錯用動物性的吉利丁,含動物性的蛋白質,所以無法形
成凝固的狀態。

● 如果是製作果漿式的果醬,就可以省略添加吉利T。趁熱裝瓶後,蓋上瓶
蓋,將瓶子倒放置涼,可排出瓶中的空氣,增加保存條件。

李子果醬

材 料

Ⓐ 紅肉李3斤、水1杯

Ⓑ 白砂糖1斤、
吉利T粉1又1/2大匙、
水5大匙

做 法

1 紅肉李洗淨摘去蒂頭,放入鍋中,加入1杯水即可蓋鍋以中火烹煮15分鐘,熄火放涼。(亦可使用快鍋煮至滿壓即可熄火。)

2 待放涼至手可觸摸的溫度,即可戴上手套捏破煮軟李子,取出果核,留下果肉。

3

將糖加入果肉中重
新煮沸，改中小火
煮約10分鐘。

4

吉利T粉加水調化，加
入果漿中一起煮至沸
騰即可趁熱裝瓶，蓋
瓶放涼後，入冰箱冷
藏保存。

阿芳老師的手做筆記

● 製作果醬時，有些水果的前置作業實在費
工，像紅肉李這樣帶硬核的水果，光是要對
剖再挖出夾肉的硬核，就可能噴濺得到處都
是，阿芳用取巧的方式，先殺青煮軟，再如
電視劇一般，捏爆軟軟的果實，就如囊中取
物一般，一下子就把所有的果核給拿光了。

● 這樣的果醬，除了拿來塗抹麵包蛋糕外，也
可以添加在原味無濤的優格，是很好的果
露，當然初夏所生產的李子做成果醬，拿來
加冰塊打成冰沙，可是吃粽子最好的解膩飲
品。

香蒜起士抹醬
香蒜麵包

材 料

A　蒜仁3/4杯、橄欖油3大匙、
鹽1/2小匙

B　奶油乳酪100公克、鮮奶3/4杯

C　奶油50公克（4大匙）、
玉米粉1大匙、奧勒岡香料1小匙

做 法

1

蒜頭拍切剁成細末，以橄欖油炒
出微香即可熄火；加入鹽拌勻推
平，以鍋子餘溫催出香氣放涼。

2

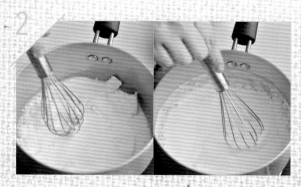

奶油乳酪加鮮奶，以小文火邊煮
邊攪至乳酪融化，熄火放涼。

3

奶油放置室溫回軟，攪拌至鬆發
狀，篩入玉米粉，放入蒜泥及奧勒
岡香料、乳酪醬一起拌勻，即可裝
盒冷藏保存食用。

阿芳老師的手做筆記

● 蒜泥不炒熟，
容易發酵產生
嗆味，炒過頭
又容易焦苦，
所以熱鍋小炒
出香味就熄火
推平，讓鍋子
的餘溫把蒜
末完全燙至全
熟，這道手法
很重要。

● **香蒜麵包作法如下**

　材料：法式麵包、
　　　　香蒜起士抹醬適量
　做法：麵包切約2.5公分
　　　　的厚度，抹上一
　　　　層香蒜起士抹
　　　　醬即可放在烤
　　　　盤上，移入烤
　　　　箱烘烤至表面
　　　　出現金黃色
　　　　澤即成。

香蒜蛤蜊絲瓜

絲瓜1條、蛤蜊1斤、冬粉1把、
香蒜起士抹醬2大匙、芹菜末少許

阿芳老師的手做筆記

● 拍這道食譜時，編輯對於阿芳
將一般墊底的粉絲改放在上方
覺得奇怪，阿芳說，粉絲需先
泡冷水才能濕軟，如果再墊於
盤底，就會在蒸的同時，把絲
瓜及蛤蜊的湯汁給吸光了，粉
絲也會糊軟不好吃。改放在絲
瓜蛤蜊的上方，用蒸的剛好熟
軟，而且帶有Q彈的效果，要
吃的時候再沾上蒜泥汁，就十
分美味。

1　絲瓜刨皮切成長條狀，加上2大匙香蒜起士抹醬拌勻。

2　蛤蜊泡鹽水吐沙洗淨，冬粉以冷水泡軟。

3　絲瓜條倒在盤底，放上蛤蜊，再撒上冬粉即可。移入蒸鍋旺火蒸10分鐘，撒上芹菜末即可出鍋。

奶酥抹醬
奶酥吐司

材　料

奶油4大匙、
細砂糖4大匙、
奶粉1/2杯、
鹽1/4小匙、
玉米粉1大匙、
玄米油4大匙
（可以使用液態油脂取代）

做 法

1

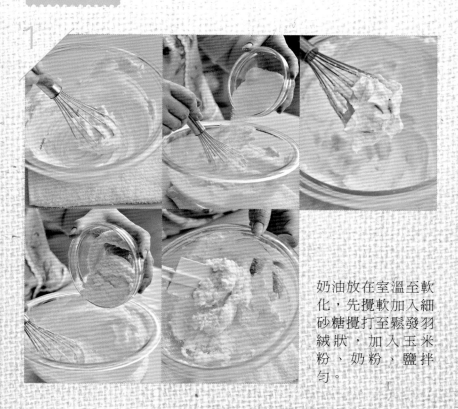

奶油放在室溫至軟
化，先攪軟加入細
砂糖攪打至鬆發羽
絨狀，加入玉米
粉、奶粉、鹽拌
勻。

2

慢慢加入玄米油，調至軟化狀
即可裝盒冷藏保存使用。

阿芳老師的手做筆記

● 奶酥醬除了奶油外，一定要添加液態油脂調軟，才容易抹開。沒有用完，
要放入冷藏保存，再拿出來使用時，如果偏硬，不容易塗抹，可以稍放室
溫回軟，也可挖出適量，放在麵包上進烤箱略烤，融化變軟後，再拿出抹
開，放入烤箱烤至香酥。

奶酥吐司

材 料

吐司、奶酥抹醬、白砂糖

做 法

1　吐司切約2公分厚。

2　抹上奶酥抹醬，可撒上少許白砂
糖粒。

3　移入烤箱烘烤至表面上色即可。

青醬

材料

堅果仁2大匙、
蒜仁3粒、
九層塔1把、
鹽1/2小匙、
黑胡椒粉1/4小匙、
冷壓橄欖油3大匙

作 法

全部材料入調理機打成稠泥狀即可。

青醬吐司

材 料

新鮮吐司數片、
青醬適量

做 法

吐司切約1.5公分的薄片。

在一片吐司上抹上青醬，另一片蓋合，一起
切去邊皮，再改切成小塊狀即可。

青醬
義大利麵

材 料

義大利麵1份、
鴻喜菇1盒、
蒜仁3粒、
青醬2～3大匙
鹽少許

做 法

1 沸水鍋加入1小匙鹽，加入義大利麵煮7～8分鐘。

2 蒜仁切片，鴻喜菇摘小串。

3 蒜片入平底鍋煎香，下菇略炒，加入煮熟義大利麵略炒，加入適量煮麵水略炒，以少許鹽提味，最後加入青醬炒勻即可盛盤。

XO
干貝醬

材　料

- 干貝4兩、蝦米4兩、
  蒜末2兩、米酒1杯、
  紅辣椒（朝天椒）1～2兩、
  壺底油精1瓶、
  蠔油3大匙、
  玄米油約3杯

做 法

1

干貝添加米酒放於碗中，移入電鍋蒸20分鐘，取出放涼，以菜刀壓成細絲狀。

2

蝦米泡軟瀝乾剁碎；蒜末再剁成細末狀，辣椒剖開去籽留椒皮切末。

3

以1杯溫油炒香蒜末，下蝦米炒至蝦米收乾，再下干貝絲炒香，加辣椒略炒，再下蠔油、壺底油精（如果沒有壺底油精可改全用蠔油7大匙取代）炒出香氣，再倒入油至淹過海味料，以中小火煮至油沸騰即可熄火放至全涼。

4

裝瓶至9分滿，若要保存，可蓋瓶後移入冷水蒸鍋蒸至沸騰，再多蒸5分鐘即可。

阿芳老師的手做筆記

- 自己做XO醬，用料可以變，搭配不同海味、干貝、蝦米、櫻花蝦、魩魚，加上蒜辣辛香料提香，蔭油、蠔油幫味，加上油的浸潤，就能提出鮮味，做出多樣的XO醬。但海味不宜爆得過乾，容易硬口，辛香料不宜過焦，容易發苦，而壺底油精和蠔油則是幫味不上色，才不會讓炒好的醬料顏色過深。

醬香味甘甜

醬中之極，
開啟電視烹飪人生路

　　在阿芳的電視烹飪教學路上，觀眾的迴響始終是阿芳積極努力的很大動力。有一天，阿芳在美食展的展場，遇到一位年過八旬的奶奶，奶奶的子女欣奮地告訴媽媽說，是阿芳耶！奶奶親切地拉著阿芳的手，說她從我出道的時候，就一直喜歡看我的節目，不論是好久以前阿芳示範的XO醬，到前兩天做的花生糖，他們全家都愛看，家裡也有阿芳的食譜書，而且兒子媳婦把整本書都翻到佈滿油脂。阿芳聽了實在開心，尤其兩個關鍵字：一是XO醬；二是食譜書佈滿了油，表示書是實用的。

　　說到XO醬，二十年前阿芳第一次到電視台錄影，示範的就是油飯和XO醬，也就是這個XO醬，開啟了阿芳的電視人生。

　　XO（Extra old）是指法國干邑好酒。XO醬與XO酒八竿子打不著。此醬由華人傳統的馬拉盞蝦醬演變而來。首先應該是出現在香港的高檔海鮮餐廳，改為用料精貴的瑤柱干貝、火腿、蝦米精炒而成，鮮香惹味。在餐館中只要菜名冠上XO醬，大概都不會太便宜，但因為是阿芳手做，家中最常的用法就是早上配上熱熱的白饅頭。

　　台灣是海島，要取得海味乾貨並不困難，因此阿芳改用了許多在地的海味與一般家庭容易取得的材料，在電視上示範了這道XO醬。材料中，二十年來，阿芳就堅持使用一瓶小小的民生壺底油精，炒出的醬料，除了顏色不黯沉，還有黑豆釀造的醬香甘甜味。

　　緣分甚是奇妙，多年來阿芳堅持使用這樣一瓶炒醬的利器，而幾年前民生醬油公司也找了阿芳代言，並不是因為代言所以我說它好，而是真心覺得，除了鮮美的滋味，那不暗沉的顏色，真的是一般醬油做不出的效果。而阿芳代言後才知道，這樣的顏色是黑豆釀造自然的黑豆皮色素，不添加一般醬油的焦糖色，所以它的美，真的是食物最天然誘人的金黃琥珀色，也當配這樣的醬中之極。

焦香蜜糖漿

········· 材 料 ·········

● 白砂糖1斤、
　水2.5～3杯

做 法

先取1/3量的白糖，加上1/4杯水
在有柄小鍋中濕潤。

開水煮至糖化，不可攪動，只以
搖鍋方式搖動，至糖色變成紅茶
色飄出焦香味立即熄火。

3

加入剩餘水量及白糖，重新開小火，全程不可再攪動，繼續再以小文火熬煮25分鐘，至糖完全融化成如蜂蜜般的透明糖漿熄火。

4

保持不攪動，靜置放涼，以傾倒方式裝瓶，瓶口上可束上一條橡皮圈，可放於室溫中保存。

5

若欲長期保存，則建議使用3杯的水量，放涼裝瓶後，可收於冷藏保存。

阿芳老師的手做筆記

● 糖漿看似簡單，獨特之處在於那焦香味，讓糖的甜味變得柔和，但煮出焦香的過程卻是難度所在。煮得不焦，香味不足；煮過頭，甜味之後就會呈現酸苦味。所以第一輪的糖漿煮至像紅茶的赭紅色，是最好的程度，立即熄火加入冷水降溫，香味及顏色就留住了。初練習時，要是在第一輪時煮過頭了，就不要再把其餘的糖加下去，因為即使煮好也不美味，浪費了一整斤糖。

● 第二個重點在於，熬煮糖漿時，若不斷去攪動，無形中將空氣帶進糖漿，等到糖漿回涼，就會有神奇的反砂的結晶狀，不成糖漿。所以煮糖漿的全程，頂多前段煮焦色時，以搖鍋方式均色，但在後段的熬煮過程，千萬不可因心急而攪動。

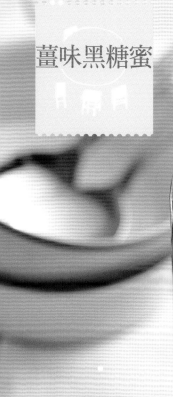

薑味黑糖蜜

材料

老薑2塊、
水4杯、
黑糖1斤、
桂圓肉2小撮

做法

1　老薑拍碎，加水及桂圓肉熬煮至約剩2杯水，濾出薑渣及桂圓肉。

2　黑糖加入桂圓薑水中，不攪動，以小文火煮至完全融化熄火。

3　靜置放涼，裝瓶冷藏保存

阿芳老師的手做筆記

● 黑糖蜜除了可以拿來沾食，也可以用來沖泡熱水成薑茶熱飲，或用於冬季的甜品調味。

結 語

大家的阿芳老師，我們家的阿芳媽媽

　　家，以及對家人的愛，是阿芳手做料理的初衷。在這套美食紀錄的最後，阿芳要以這些愛做結語，讓讀者也感受這樣的愛，把愛融入一道道食物，溫暖自己也溫暖家人的心與胃。

媽媽的巧手背後，
是對食物與家人的真心　by先生

　　常常有人問我，有一個這麼會煮飯做菜的太太，是不是很幸福？老實說，我以前對於「吃」這件事沒什麼概念，總覺得可以吃飽就好了。娶了一個愛吃也懂得吃的太太，結婚二十多年來，吃得多豐富倒是其次，真正影響我的，是對食物多了幾分了解與熱情。

　　我跟阿芳兩個人是在旅行當中認識的，旅行對我們來說，是很重要的精神補給，也是一種飲食文化的體驗。而在旅行當中，最能見識到阿芳對於料理的執著與堅持，當別人忙著吃喝玩樂時，她總是忙著做筆記，想要把在異國吃到的東西給記下來，帶回家好好研究；或

者，她樂於花時間探問當地人更多關於料理的常識與技藝，希望能再透過自己的雙手，捕捉到美食的精髓。所以在這套書裡，讀者會看到很多這樣的故事，這些都是阿芳成就她那雙巧手背後的經驗累積。

　　我開玩笑說，各位在螢光幕上看到的阿芳老師，就是我們家裡的阿芳媽媽，差別只在於上了妝。這樣說，一方面是道出了她對於工作的專業堅持，另一方面則是她對於料理這件事的熱愛，不論幕前幕後始終如一。各位看到她在電視上示範的菜色，就是會出現在我們家餐桌上的美味，阿芳堅持的，就是以一般家庭可以操作的方式，把各種美味帶給更多的人。

　　今年我跟阿芳升格當了爺爺奶奶，看著她抱孫逗弄、教媳婦做包子和甜點，我不禁回想起當年阿芳與我母親的相處，同樣的兩代關係，同樣讓人感動的傳承。二十多年前，阿芳從南部嫁到北部來，沒多久就開始掌廚，由於南北

飲食口味不同，經歷過一番調整適應，但我一直相信，「好的飲食習慣，可以改變人的口味」，阿芳對於食材的了解與掌握，潛移默化了我們一家的味蕾，讓我們嚐到食物的原味原來可以這麼鮮美，自己做的東西原來比外面賣的美味，漸漸的我們一家人都習慣了阿芳味！最厲害的是，她把婆婆教給她的傳統味，以現代手法加以製作，既保留古早味，也化繁為簡讓做法更加可行。

我想我最大的幸福，就是吃到太太的好手藝，也感受到她對家庭的好心意。

用媽媽的味道，
記錄每一個日子的精彩　by兒子

國中的時候，我最期待的就是每天的午餐時間，因為我喜歡打開便當時帶給我的無限驚喜。今天吃什麼呢？媽媽做的午餐便當，成為我求學生涯的開心來源。

踏入社會後工作時間不穩定，也開始了外食族的坎坷之路，每天煩惱著要吃什麼，而最開心的事，就是下班回家吃媽媽準備的晚餐。

結婚後，太太加入了我們這一家，同樣喜歡在家吃飯的感覺，許多媽媽手做的點心，都讓我太太感覺神奇又不可思議。媽媽信手拈來就是我們孩子愛吃的東西，尤其她怕我們晚上肚子餓，不時做好冷凍蔥油餅，配上自家的香濃豆漿，讓半夜製作音樂的我，一樣有幸福美食可以吃。

現在我當爸爸了，擔心自己孩子的未來飲食，所以和老婆也試著自己動手料理，一方面希望孩子未來可以吃得安全安心，一方面也可以與另一半增進感情，但問題來了，怎麼做呢？

小時候我愛打電玩，卡關的時候就會到電玩店買攻略祕笈，而此刻，對於不擅料理的我，媽媽的書就是我的攻略祕笈。我太太吃著媽媽點心，也開始學著做，常常看到她和表妹去抽出媽媽的手稿，兩個人在家，今天做餅乾、明天做蛋糕，玩得很開心，而且她也有了一本

珍藏媽媽許多手稿的筆記本。

說個好笑的事，在我老婆坐月子期間，丈母娘來我家幫忙一起照顧小孩，而媽媽每天晚上會做薑汁撞奶給我老婆當點心，不時也會做幾條葡萄乾核桃麵包，這兩樣東西讓丈母娘產生興趣，回家後也試著自己撞、自己做，前兩天我太太手機裡傳來了兩條麵包，跟我媽做的還真的有點像，我想我的丈人和我們一樣有口福了！

人們會用照片或音樂記錄生活點滴，而我們家則是用許多媽媽的味道來記錄每一個日子的精采，也是創造幸福回憶的最好標記。

家，
就是有媽媽味道的地方 by女兒

對我來說，家的記憶，就濃縮在一道道媽媽的拿手菜裡。

小的時候，媽媽經常問我一個問題，她說：「豬妹，妳覺得妳媽和別人的媽媽有哪裡不一樣嗎？」在別人看來，也許會覺得我的媽媽和別人很不一樣。每一天，她在螢光幕前以阿芳老師的身分，帶給觀眾各式各樣不同的料理。但當她走出了攝影棚的聚光燈、卸了妝，回到家，她就只是我的媽媽。

在家就能看到她在廚房忙進忙出，一手包辦了一家大小一整天的「伙食問題」。從早餐吃的饅頭、麵包，到消夜那一碗熱呼呼的湯麵或地瓜粥，還有逢年過節滿滿一整桌的年菜，或者怕我們餓著肚子，冷藏庫裡滿滿的水餃和蔥油餅……媽媽做出的每一道料理，蘊藏的就是家的味道。

上了大學、外宿後，我才深刻意識到「回家」是件多幸福的事。事實上，我的學校離家並不遠，短短不到一個小時車程。遠的是，回到宿舍，少了半夜飢腸轆轆時媽媽的那碗「胖子麵」、少了打開冰箱就能看到的那罐「會變色的奶茶」、少了早上睡醒時擺在桌上一個個包子饅頭。這些在家時我認為的理所當然，在離家求學後變得格外可貴。當我

提著一袋速食，心上掛念的是家中冰箱裡的那一鍋肉燥；當我吃著外面賣的滷味，腦海想的是手機群組裡Line來的那鍋麻辣鴨血。媽媽的味道，存在我二十年記憶中的每一個角落。我想，我心中所謂的家，就是有媽媽味道的地方。

味蕾的記憶，
是最棒的家庭筆記　by媳婦

關注婆婆粉絲頁的朋友，一定都看過婆婆教媳婦我做包子的那一篇貼文。當我跟娘家媽媽說我在做包子時，她還笑我從未進過灶腳，竟然會做包子！

是婆婆以對食物的熱忱及耐心，帶領我這個新手做包子，怎麼備料拌麵皮、炒肉炒內餡，最難的則是手捏褶收口。剛開始包出來的都是東倒西歪的醜包子，公公還很捧場的吃了幾個，接下來幾天，我決定挑戰捏出包子褶，每天晚餐後就在廚房裡練習，直到每天吃包子吃到怕的公公跟婆婆說，可以教媳婦做其他東西了！

人家說：要抓住老公的心，先抓住他的胃。我老公特別喜歡吃婆婆的「胖子麵」，而胖子麵的關鍵就在於媽媽特製的肉燥。一天晚餐後，婆婆教我做了肉燥，爾後每當老公工作到很晚，就會希望我煮一碗胖子麵給他當消夜，也期待我學新料理做給他吃，而來我們家作客的朋友，吃過這胖子麵也都直呼好吃，要我教他們做這味肉燥。

婆婆的工作忙碌，卻把我們一家要吃的東西打點得很豐富，而且都是婆婆自己做的，讓我體會到一個家庭的幸福，很大部分來自媽媽的味道。開始學做菜的我，每每想到婆婆做菜的味道都是充滿畫面，而婆婆用心做出來的，是充滿溫度的食物，像是我們常吃的水餃、蔥油餅，看來如此平常的食物，但出自婆婆的巧手，卻是簡單但又難以取代的好味道。

如果說記憶是抽象的，那味蕾的記憶會是永遠銘記的，也是婆婆留給我最棒的家庭筆記。

料，則數字的複雜度和實做的麻煩度就更高。但說穿了，這300公克米不就是2量米杯的米，而360公克的水也就是2量米杯的水，就是那麼簡單的容量概念，2杯米配2杯水。

不過在阿芳的食譜中，這個杯可不是家裡的量米杯，而是國際通用的標準量杯。標準量杯是236cc，為什麼呢？因為在烹調用途中，最常盛裝的材料除了乾向的粉糖料外，就是水份及油脂，而這杯236cc的杯子一般就說約240cc，分為4等份。一份約60cc，很好記，而且1杯約為16大匙，容易對算。在油脂類的換算，1杯油是16大匙，要用幾匙油，量匙一量很方便取用，而這一杯裝滿油剛好是1/2英磅的重量，也是8盎司，在不同國家的計量單位換算容易整除，當然最重要的是讓實際操作更為容易，用慣了，可以讓食譜看來簡易明瞭，更容易上手。

為什麼要用這一杯

在阿芳的食譜中，不是以最絕對的重量為標示單位，而是用國際標準的量杯及量匙為主要度量單位，最重要的目的在於簡化食譜的數字和備料的工序，較符合一般家庭操作的方式。舀一舀、幾杯水幾杯粉，像媽媽量米煮飯一樣簡單。舉例來說，小明的媽媽要小明幫忙洗米下鍋，小明順口問：煮多少呢？如果媽媽回答說：300公克米、配360公克的水，那事情就複雜了！而一般點心可能用到多樣的材

◆ 量杯

指國際通用量杯，標準容量為236cc，有不鏽鋼、鋁、塑膠材質，不一定標示刻度，但一定會標出1/4杯、1/2杯、3/4杯，也就是本書食譜所示的分量。

如果沒有量杯，其實很容易可以找到一個容量為240cc的杯子代用。

◆ **量匙**

　　標準量匙通常是四匙一串，由大至小分別為1大匙、1（茶）小匙、1/2匙、1/4匙。

1大匙＝1湯匙＝3小（茶）匙＝15cc

1小匙＝1茶匙＝5cc

1/2匙＝1/2茶匙＝2.5cc

1/4小匙＝1/4茶匙＝1.25cc＝少許

　　如果沒有量匙，在家中常見的湯匙，也是比照量匙大小的容量來製作：喝湯的湯匙可取代大匙，小號的茶匙取代小匙，而一般的咖啡匙視大小，就是1/2或1/4茶匙了。

◆ **就是這樣裝**

　　量杯及量匙盛裝食材的鬆緊度雖然會有些許誤差，但不致影響成敗，不須刻意壓緊或敲杯，只要自然一杯子舀取材料，再抹平即可。如果是1/2杯或1/4杯，就是裝到線上搖平即可。另外，書中有幾處看到杯的後面加了一個強或弱，強的意思就是多一點點，弱的意思就是少一點點。

◆ **常用材料的重量換算**

　　量杯容量1杯＝236cc＝236ml，盛裝不同的食材就是不同重量，書中的食譜直接以杯子舀取，若要對算重量，以下是常用材料重量換算：

- 水1杯＝236cc＝236克＝16大匙
- 高筋麵粉1杯約150克＝16大匙
- 中筋麵粉1杯約150克＝16大匙
- 低筋麵粉1杯約140克＝16大匙
- 細砂糖1杯＝220克＝16大匙
- 白或黃砂糖1杯＝200克＝16大匙
- 酵母1大匙＝12克＝3小匙（1小匙＝4克）
- 泡打粉1小匙＝5克
- 小蘇打粉1小匙＝6克
- 鹽1小匙＝5克
- 油脂1杯＝236cc＝236ml＝227克
  ＝16大匙＝1/2磅＝大塊奶油1/2塊
  ＝小條奶油2條
- 書中的斤指的是台斤，
  1台斤＝16兩，1兩＝37.5公克

阿芳老師手做美食全紀錄

媽媽的早餐店：70 道早餐、點心、私房醬

作　　　者／蔡季芳
內容企劃整理／陳宜萍、廖雁昭
責任編輯／陳玳妮
版　　　權／翁靜如

行銷業務／李衍逸、黃崇華
總 編 輯／楊如玉
總 經 理／彭之琬
法律顧問／台英國際商務法律事務所　羅明通律師
出　　版／商周出版
　　　　　城邦文化事業股份有限公司
　　　　　台北市中山區民生東路二段141號4樓
　　　　　電話：(02) 2500-7008　　傳真：(02) 2500-7759
　　　　　E-mail：bwp.service@cite.com.tw
發　　行／英屬蓋曼群島商家庭傳媒股份有限公司城邦分公司
　　　　　台北市中山區民生東路二段141號2樓
　　　　　書虫客服服務專線：02-25007718．02-25007719
　　　　　24小時傳真服務：02-25001990．02-25001991
　　　　　服務時間：週一至週五09:30-12:00．13:30-17:00
　　　　　郵撥帳號：19863813　　戶名：書虫股份有限公司
　　　　　讀者服務信箱E-mail：service@readingclub.com.tw
　　　　　歡迎光臨城邦讀書花園　網址：www.cite.com.tw

香港發行所／城邦（香港）出版集團有限公司
　　　　　香港灣仔駱克道193號東超商業中心1樓
　　　　　Email：hkcite@biznetvigator.com
　　　　　電話：(852) 25086231　　傳真：(852) 25789337

馬新發行所／城邦（馬新）出版集團　Cite (M) Sdn. Bhd.
　　　　　41, Jalan Radin Anum, Bandar Baru Sri Petaling,
　　　　　57000 Kuala Lumpur, Malaysia
　　　　　電話：(603) 90578822　　傳真：(603) 90576622

封面設計／徐璽
全書攝影／周禎和工作室
排　　版／豐禾設計
印　　刷／卡樂彩色製版印刷有限公司
經 銷 商／聯合發行股份有限公司
　　　　　電話：(02)2917-8022　　傳真：(02)2911-0053
　　　　　地址：新北市231新店區寶橋路235巷6弄6號2樓

■2016年2月3日初版　　　　　Printed in Taiwan
■2021年7月1日初版22.5刷
□定價／420元

國家圖書館出版品預行編目資料

媽媽的早餐店：70道早餐、點心、私房醬
　　蔡季芳 著
初版. -- 臺北市：商周出版：家庭傳媒城邦
分公司發行
2016.2　面；　公分
ISBN 978-986-272-940-3（平裝）

1.食譜

427.1　　　　　　　　　　104026020

城邦讀書花園
www.cite.com.tw

商周出版

廣　告　回　函
北區郵政管理登記證
台北廣字第000791號
郵資已付，免貼郵票

104 台北市民生東路二段141號2樓
英屬蓋曼群島商家庭傳媒股份有限公司
城邦分公司　收

請沿虛線對摺，謝謝！

商周出版

書號：BK5109　　書名：媽媽的早餐店　　編碼：

讀者回函卡

感謝您購買我們出版的書籍！請費心填寫此回函卡，我們將不定期寄上城邦集團最新的出版訊息。

不定期好禮相贈！
立即加入：商周出版
Facebook 粉絲團

姓名：＿＿＿＿＿＿＿＿＿＿＿＿＿＿＿ 性別：□男 □女

生日：西元＿＿＿＿＿＿年＿＿＿＿＿＿月＿＿＿＿＿＿日

地址：＿＿＿＿＿＿＿＿＿＿＿＿＿＿＿＿＿＿＿＿＿

聯絡電話：＿＿＿＿＿＿＿＿ 傳真：＿＿＿＿＿＿＿

E-mail：

學歷： □ 1. 小學 □ 2. 國中 □ 3. 高中 □ 4. 大學 □ 5. 研究所以上

職業： □ 1. 學生 □ 2. 軍公教 □ 3. 服務 □ 4. 金融 □ 5. 製造 □ 6. 資訊
　　　 □ 7. 傳播 □ 8. 自由業 □ 9. 農漁牧 □ 10. 家管 □ 11. 退休
　　　 □ 12. 其他＿＿＿＿＿＿

您從何種方式得知本書消息？
　　　 □ 1. 書店 □ 2. 網路 □ 3. 報紙 □ 4. 雜誌 □ 5. 廣播 □ 6. 電視
　　　 □ 7. 親友推薦 □ 8. 其他＿＿＿＿＿＿

您通常以何種方式購書？
　　　 □ 1. 書店 □ 2. 網路 □ 3. 傳真訂購 □ 4. 郵局劃撥 □ 5. 其他＿＿＿

您喜歡閱讀那些類別的書籍？
　　　 □ 1. 財經商業 □ 2. 自然科學 □ 3. 歷史 □ 4. 法律 □ 5. 文學
　　　 □ 6. 休閒旅遊 □ 7. 小說 □ 8. 人物傳記 □ 9. 生活、勵志 □ 10. 其他

對我們的建議：＿＿＿＿＿＿＿＿＿＿＿＿＿＿＿＿＿＿

＿＿＿＿＿＿＿＿＿＿＿＿＿＿＿＿＿＿＿＿＿＿＿＿

＿＿＿＿＿＿＿＿＿＿＿＿＿＿＿＿＿＿＿＿＿＿＿＿